Ihr Hobby
Kaninchen

Christine Wilde

bede bei Ulmer

Gestatten:
Kaninchen

Seit vielen Jahrhunderten leben Kaninchen in der Obhut der Menschen, aber erst in den letzten Jahrzehnten erobern sie auch die Herzen der Heimtierhalter.

Wer sich auf das „Abenteuer Kaninchen" einlässt, dem wird bald klar: Das sind keine langweiligen Kuscheltiere. Sie sind neugierig und clever genug, um Türen zu öffnen, Hindernisse zu verschieben und ihren Halter sogar mit kleineren Betrugsmanövern hinters Licht zu führen. Aktive Kaninchen hüpfen über Hindernisse und springen manchmal zum Leidwesen ihrer Menschen auf Möbel und aus ihren Gehegen heraus. Aber Kaninchen sind auch anhänglich, treu und kuschelig.

Ein spanischer Einwanderer

Das ursprünglich auf der Iberischen Halbinsel beheimatete Europäische Wildkaninchen *(Oryctolagus cuniculus)* gilt als Vorfahre aller Kaninchen in Heimtierhaltung – Kaninchen sind also temperamentvolle Spanier. Das Wildkaninchen wiegt 1,4 bis 2 kg, hat graubraunes Deckfell, helles Fell am Bauch und lange Stehohren, die sogenannten Löffel.

Wildlife

Die wilden Verwandten unserer Hauskaninchen leben in großen Gruppen aus häufig mehr als 30 ausgewachsenen Tieren und deren Nachkommen zusammen. Dabei gibt es innerhalb einer Gruppe klare Rangordnungen. Ranghohe Kaninchen haben ihre Nester tiefer im Bau an geschützten Stellen und ranghohe Rammler pflanzen sich häufiger fort. Vor allem im Frühling umwerben die Rammler ihre Partnerinnen und dann kann es im Rudel hoch hergehen. Die Familienmitglieder betreiben untereinander intensive Fellpflege, beschützen sich und kuscheln miteinander.

Ihre Baue graben Kaninchen gern in sandige Böden, vor allem an Waldrändern, Flussufern, Parkanlagen und Plätzen mit üppigen Wiesen und schützendem Gebüsch. Diese Baue haben viele Zugänge und sind weit verzweigt. In der Dämmerung und nachts gehen die Tiere auf Nahrungssuche. Droht Gefahr, warnen sie sich gegenseitig durch lautes Trommeln mit den Hinterläufen.

Kunterbunte Vielfalt

Kaninchen zeigen eine unglaubliche Vielfalt an Größen, Farben und Fellvarianten. Es gibt sie als Zwergkaninchen ab 1 kg und groß mit bis zu 10 kg, z. B. den Deutschen Riesen. Sie haben lange Stehohren, kurze Öhrchen oder Hängeohren. Ihr kurzes, langes, dünnes oder dichtes Fell kann von Schwarz über Agouti, Creme, Rot, Weiß und Silber sehr verschiedene Farben haben und kann einfarbig, gescheckt oder bunt gefleckt sein.

- ▶ **Großrassen:** 5–9 kg oder sogar mehr
- ▶ **Mittelgroße Rassen:** 3–5 kg
- ▶ **Kleine Rassen:** 2–3 kg
- ▶ **Zwergkaninchen:** 1–2 kg. Kaninchen, die unter 1 kg wiegen, gelten als Qualzucht.

Große Auswahl

Alle Kaninchenrassen sind untereinander verträglich und stellen ähnliche Ansprüche an ihre Versorgung. Bei der Anschaffung spielt die Rasse also nur deshalb eine Rolle, weil die Tiere unterschiedliche Bedürfnisse und Eigenarten haben, die zum Wunsch des Halters passen müssen. Prüfen Sie den Anbieter Ihrer Kaninchen sorgfältig: Die Gehege der Tiere müssen groß, artgerecht eingerichtet und sauber sein. Futter und Wasser stehen in ausreichender Menge zur Verfügung. Die Tiere sind in Gruppen untergebracht, wobei sie nach Geschlecht getrennt sind. Nur gesunde Tiere werden zum Verkauf angeboten. Der Anbieter nimmt sich Zeit und berät Sie umfassend und korrekt.

Nehmen Sie nur gesunde Tiere mit nach Hause und führen Sie einen Gesundheitscheck (siehe Seite 63 / 64) durch.

VORBILDER BENÖTIGT

Auch wenn ganz kleine Kaninchenbabys sehr niedlich sind, sollten die Kaninchen ihr gewohntes Rudel erst im Alter von etwa zehn Wochen verlassen. So lange benötigen sie die erwachsenen Kaninchen, um von ihnen zu lernen, wie sie sich verhalten müssen und was sie fressen dürfen.

- **Notstationen und Tierheime** bieten eine große Auswahl an jungen und älteren Kaninchen. In einer guten Notstation werden Sie vor und nach dem Erwerb der Kaninchen umfassend informiert, bekommen Hilfestellung bei der Vergesellschaftung, dem Gehegebau und Tipps rund um die Versorgung. An Laien werden ausschließlich gesunde Tiere vermittelt, die schon kastriert und geimpft sind.

- **Züchter** verkaufen verschiedene Rassen. Vor Ort können Sie die Eltern Ihrer Heimtiere anschauen und sehen so, wie sich Ihre neuen Kaninchen entwickeln und wie groß sie werden.

- **Anzeigen** in Zeitungen oder Onlineportalen bieten eine Fülle an Abgabekaninchen.

- **Zoofachmärkte** bieten zum Tier das passende Zubehör und Futter an. Allerdings sind die Tiere nicht immer nach Geschlecht getrennt, kommen aus einer unbekannten Haltung und nicht alles, was im Zoofachmarkt verkauft wird, ist wirklich sinnvoll und tiergerecht.

TRANSPORTBOX

Für den Transport nach Hause und die regelmäßigen Tierarztbesuche brauchen Sie eine große Transportbox. Sie sollte dunkel, gut belüftet und leicht zu öffnen sein. Eingerichtet wird die Box mit einem kuscheligen Handtuch am Boden sowie etwas Heu und Futter.

▲ *Für jeden etwas dabei: Kaninchen gibt es in verschiedenen Größen, Farben und Fellvarianten.*

◄ „Hmmm, das schmeckt!"
Außerdem ist ständiges
Mümmeln wichtig für gesunde
Zähne.

ZOOLOGISCHE ZUORDNUNG

Kaninchen sind keine Nagetiere und auch keine echten Hasen, sondern werden in der zoologischen Systematik den Hasenartigen zugeordnet.

Klasse: Säugetiere *(Mammalia)*
Ordnung: Hasenartige *(Lagomorpha)*
Familie: Hasen *(Leporidae)*
Gattung: *Oryctolagus*
Art: Wildkaninchen *(Oryctolagus cuniculus)*
Unterart: Hauskaninchen

Kaninchenbiologie

Doppelzähner, Duftdrüsen, Stopfmagen – für uns Halter sind das eher skurrile Merkmale, für Kaninchen ist das völlig normal.

▸ **Das Fell** besteht bei den meisten Rassen aus der wärmenden Unterwolle, dem Deckhaar und den Grannenhaaren. Zweimal im Jahr wechseln die Kaninchen ihr Haarkleid: Im Winter bekommen die Tiere ein dichteres Fell mit einer dicken Unterwolle, im Sommer wird das Fell dünner.

▸ **Die Zähne** wachsen ein Leben lang und müssen sich ständig abnutzen. Kaninchen besitzen 28 Zähne: 22 Mahlzähne im hinteren Kieferbereich und 6 Schneidezähne. Auf den ersten Blick sind vorne nur 4 Zähne zu erkennen, jeweils 2 oben und 2 unten. Hinter den oberen Schneidezähnen sitzen noch sogenannte Stiftzähne. Wegen dieser oben doppelten Zähne werden Hasenartige häufig auch „Doppelzähner" genannt.

▸ **Die Duftdrüsen** zum Markieren sind für Kaninchen besonders wichtig, da sie sich stark über Gerüche orientieren. Das Sekret aus der Analdrüse am After gibt den Kotkügelchen ihren typischen „Duft". Mit den Kotkügelchen markieren Kaninchen ihre Reviergrenzen. Am Kinn besitzt das Kaninchen die Kinndrüse. Durch intensives Reiben des Kinns an Einrichtungsgegenständen markiert das Kaninchen diese mit seinem Duft als sein Eigentum.

▸ **Die Verdauung** der Kaninchen funktioniert etwas anders als beim Menschen. Kaninchen verfügen nur über eine geringe Muskelaktivität in Magen und Darm. Die aufgenommene Nahrung wird vor allem durch nachkommende Nahrung durch Magen (daher „Stopfmagen") und Darm geschoben. Deshalb ist es wichtig, dass Kaninchen viele kleine Mahlzeiten über den Tag verteilt aufnehmen. Bewegung und die dabei entstehende Muskelanspannung unterstützt diesen Vorgang.

Mit allen Sinnen

Genau wie wir Menschen, nehmen Kaninchen ihre Umwelt über verschiedene Sinne wahr. Dabei setzen sie diese aber anders ein und haben auch andere Fähigkeiten als wir.

▶ Durch ihre seitlich am Kopf sitzenden **Augen** nehmen Kaninchen Bewegungen in einem großen Radius um sich herum wahr, allerdings ist dadurch ihr räumliches Sehvermögen eingeschränkt. Kaninchen können auch im Dunkeln sehr gut sehen, was bei ihrer dämmerungsaktiven Lebensweise äußerst wichtig ist. Farben erkennen Kaninchen hingegen nicht sehr gut, sie haben nur fünf Prozent Farbrezeptoren, die vorwiegend auf Blau und Grün reagieren.

▶ Kaninchen hören Frequenzen bis 33.000 Hz. Damit nehmen sie auch für den Menschen nicht mehr hörbare Töne wahr und reagieren stark auf laute Geräusche. Die **Ohren** können sie unabhängig voneinander in verschiedene Richtungen drehen und durch ihre Trichterform wird der Schall besonders gut ins Innenohr geleitet. Die Ohren dienen im Sommer auch als Klimaanlage: Über die dünnhäutigen Ohren gibt der Körper Wärme ab.

▶ Kaninchen besitzen einen sehr differenzierten und ausgeprägten **Geruchssinn**, der für die Verständigung untereinander und die Auswahl geeigneter Futterpflanzen unerlässlich ist. Parfüm, Zigarettenrauch und Raumdüfte schaden diesem Geruchssinn.

▶ Kaninchen verfügen am Kopf über **Tasthaare**, die sogenannten Vibrissen. Diese langen Haare sitzen vor allem an der Nase, im Maulbereich, an den Seiten und über den Augen. Sie enden in einer Wurzel, deren Nerv jede Berührung der Haare wahrnimmt. Auch unter den Vorderfüßen sitzen empfindliche Nerven.

▶ Kaninchen haben viel mehr Geschmacksrezeptoren als wir Menschen. Dadurch haben sie einen sehr intensiven **Geschmackssinn**, der teilweise schon im Mutterleib geprägt wird. Wird die Mutter mit bestimmten Futtermitteln versorgt, bevorzugen auch die Jungen diese Futtermittel.

▶ *„Ist das lecker?"* Seine Nase verrät dem Kaninchen, was fressbar ist und was nicht.

Kaninchen
als Heimtiere

Die kleinen Langohren mit ihrem kuscheligen Fell sind unter-haltsame Hausgenossen – aber anspruchslos und genügsam sind Kaninchen keineswegs.

Schon zwei Kaninchen können das Leben eines Menschen gehörig auf den Kopf stellen, und das bei einer Lebenserwartung von bis zu acht Jahren. Die Tiere fordern Platz, Aufmerksamkeit, Beschäftigung, mehrere Mahlzeiten täglich und kriegen garantiert irgendetwas kaputt, was ihrem Menschen lieb und teuer ist.

Passen Kaninchen zu uns?

Alle Mitglieder einer Familie müssen mit der Anschaffung der Kaninchen einverstanden sein, denn im Notfall müssen sich alle darum kümmern. Klären Sie vor dem Einzug der Kaninchen ab, ob die quirligen Tiere wirklich zu Ihnen passen.

Sind Kaninchen Kuscheltiere?

Viele Kaninchen lassen sich von ihrem Halter gern hin und wieder kraulen und fast alle nehmen Futter aus der Hand, manche schätzen ihren Menschen als Kletterburg und andere lernen Kunststücke (siehe Seite 60).

Jedes Kaninchen kann allerdings auch sehr ruppig gegen Streicheleinheiten protestieren, wenn es gerade keine Lust dazu hat – und intensiv mit dem Menschen kuscheln wollen die wenigsten. Es gibt auch immer wieder Tiere, die lieber auf Abstand bleiben und nie richtig zahm oder anhänglich werden, das sollte dann jeder Halter akzeptieren.

Ist die Haltung erlaubt?

Die Haltung von wenigen Kleintieren gehört zum bestimmungsgemäßen Gebrauch einer Mietwohnung und darf deshalb nicht untersagt werden. Wenn Nachbarn sich durch Geruch oder den durch die Tierhaltung anfallenden Abfall belästigt fühlen, können allerdings Auflagen erteilt werden. Größere Kaninchengehege im Garten bedürfen häufig einer Baugenehmigung.

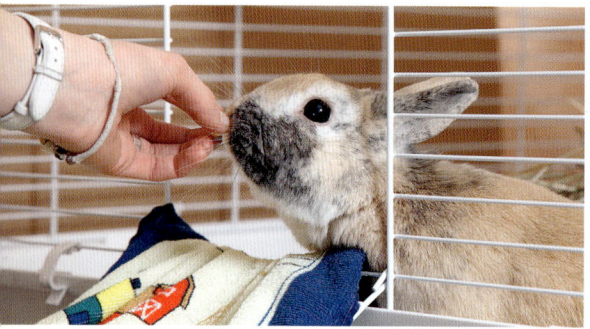

▼ **Bei täglicher Zuwendung** können lebenslange Freundschaften entstehen.

Haben wir genug Zeit?

Zu den 30 Minuten Grundversorgung täglich, kommen pro Woche noch gut 2 Stunden für die regelmäßige Gehegereinigung und den Gesundheitscheck. Futtersammeln, der regelmäßige Einkauf von frischem Gemüse und Zubehör sowie die häufig intensive Pflege, falls ein Kaninchen einmal krank wird, nehmen viel Zeit in Anspruch.

Haben wir genug Geld?

Große Gehege samt Einrichtung kosten oft mehrere Hundert Euro. Die laufenden Kosten sind zwar gering, aber im Winter ist Gemüse teuer. Wird ein Kaninchen krank, können die Behandlungskosten die Anschaffungskosten übersteigen.

Haben wir genug Platz?

Kaninchen benötigen ein großes Gehege (siehe Seite 23). Um Platz dafür zu schaffen, müssen sicher einige Einrichtungsgegenstände weichen und nicht immer lässt sich das Gehege harmonisch in den Wohnraum integrieren.

Gibt es einen Pflegeplatz?

Kümmern Sie sich rechtzeitig um eine Person oder Tierpension, die sich um Ihre Kaninchen kümmert, wenn Sie in den Urlaub fahren oder einmal krank sind.

Bin ich ein Kaninchentyp?

Die Umgebung des Geheges ist häufig mit Heu und Einstreu verschmutzt und bei der Reinigung riecht es manchmal unangenehm. Beim Auslauf nagen die Tiere mitunter Möbel, Teppiche oder Tapeten an und manche Kaninchen werden nie stubenrein. Kaninchen verursachen durch nagen, klopfen, springen und spielen viel Lärm und Unruhe.

Wenn Sie also gern eine saubere, ordentliche und immer aufgeräumte Wohnung haben, ruhebedürftig sind und mit Schmutz und mitunter intensiven Gerüchen ein Problem haben, sollten Sie auf Kaninchen als Hausgenossen verzichten. Natürlich ist auch eine saubere Haltung im Garten möglich, was aber mehrmals täglich und bei Wind und Wetter die Versorgung der Tiere erfordert.

▶ **Hier lässt** sich's aushalten. Ausreichend Platz ist eine der Grundbedingungen für die Kaninchenhaltung.

Kaninchen für Kinder?

Verantwortlich für jedes Lebewesen im Haushalt sind immer die Erwachsenen – niemals die Kinder allein! *Kleine Kinder bis acht Jahre sollten nur Kontakt zu Kaninchen haben, wenn ein Elternteil dabei ist.* Ab dem achten Lebensjahr können die Kinder unter Aufsicht bei der regelmäßigen Versorgung der Kaninchen helfen und kleine Aufgaben übernehmen. Ab dem zwölften Lebensjahr können Kinder ihre Kaninchen nach Plan allein füttern und das Gehege reinigen. Die Überprüfung der Pflege und der regelmäßige Gesundheitscheck (siehe Seite 64) sollte von den Aufsichtspersonen vorgenommen werden. Häufig verlieren Kinder schnell das Interesse an den Tieren.

Kaninchen sind nicht immer zum Schmusen und Spielen aufgelegt. Haben sie keine Lust, dann wehren sie sich: Sie beißen zu oder greifen auch mit den Vorderpfoten an und können dem Menschen dann mit ihren Krallen richtig tiefe und gefährliche Kratzer zufügen. Bedenken Sie das bitte unbedingt – vor allem, wenn kleine Kinder im Haushalt leben. Kinder können aber auch den Kaninchen schaden: Sehr kleine Kinder haben häufig kein Gefühl für die Tiere und können sie durch zu heftiges Anfassen oder wilde Spiele verletzen.

GUT ZU WISSEN

Liegen gesundheitliche Einschränkungen vor, die eine Kaninchenhaltung unmöglich machen? Asthmatiker und Menschen mit Stauballergie sollten grundsätzlich verzichten. Es ist sinnvoll, vor der Anschaffung alle Haushaltsmitglieder auf Heu-, Staub- und Kaninchenallergie testen zu lassen.

Freunde finden

Kaninchen brauchen andere Kaninchen, um sich wohlzufühlen. Der Mensch oder ein anderes Tier kann den Artgenossen niemals ersetzen.

Optimal ist die Haltung *von einem Weibchen mit einem kastrierten Rammler. Solche Paare leben meist sehr harmonisch zusammen.*

Erwachsene Weibchen vertragen sich nur selten miteinander, hier kommt es ab einem Alter von sechs bis acht Monaten meist zu Rangkämpfen. Selbst wenn die Weibchen friedlich bleiben, ist das Zusammenleben nie so entspannt wie bei Pärchen. Zwei kastrierte Rammler schließen häufig echte Männerfreundschaften, unkastrierte Rammler hingegen bekämpfen sich mitunter massiv.

Das richtige Alter

Die Kaninchen sollten etwa gleich alt sein, wenn sie zusammenziehen. Jungtiere finden meist schnell und problemlos zueinander, ältere Tiere hingegen müssen häufiger erst einmal ihren Rang auskämpfen. Sehr junge Tiere unter 16 Wochen sollten nicht mit ausgewachsenen Kaninchen zusammengebracht werden, hier besteht Verletzungsgefahr. Die Jungtiere haben noch nicht die Kraft und die Möglichkeit sich gegen erwachsene Tiere zur Wehr zu setzen, werden bei Rangkämpfen aber nicht verschont.

Die Umgebung

Grundsätzlich benötigen Kaninchen viel Platz zur Vergesellschaftung. Ein großes Zimmer oder ein großes Außengehege sind gute Orte, damit die Tiere sich in Ruhe kennenlernen können. Verschiedene Unterschlüpfe, durch welche die Kaninchen problemlos hindurchrennen können, sollten hier zu finden sein. Heuberge und verteiltes Futter lenken ein wenig vom Neuling ab und entspannen so die Situation.

GROSSGRUPPEN-HALTUNG

Der Gruppengröße ist keine Grenze gesetzt, wenn das Gehege entsprechend groß und gut strukturiert ist. Dann spielt es auch kaum eine Rolle, ob es mehr Weibchen oder mehr Rammler sind. Es hängt natürlich auch vom Charakter der Tiere ab, ob eine große Gruppe harmonisch ist.

▶ *Zusammen hoppeln ist das Größte!*
In Gesellschaft fühlen Kaninchen sich
so richtig wohl.

▶ *Vergesellschaftung erfolgreich!*
Gemeinsam erkunden die beiden
nun ihre Welt.

Besuchsregeln

Nach Möglichkeit sollte immer das Weibchen
in das Revier des Rammlers gebracht werden,
da Weibchen ihr eigenes Revier und ihr Nest
massiv verteidigen. Optimal wäre ein völlig
neutraler Ort.

Die Kaninchen werden sich nach dem ersten
Beschnuppern an Nase und Hinterteil ein wenig
jagen, sie rennen hintereinander her, versuchen gegenseitig aufzusteigen und springen
mitunter auch panisch herum. *Das ist völlig
normal, Kaninchen haben beim Kennenlernen
häufig eine recht ruppige Art.* Gerade während
des Fellwechsels fliegt dabei auch Fell durchs

WANN MÜSSEN SIE EINGREIFEN?

Kommt es bei der Vergesellschaftung zu bluti-
gen Bissen, müssen die Tiere getrennt werden.
Starten Sie nach einigen Tagen einen weiteren
Versuch. Gehen die Tiere aber wieder aufeinan-
der los und versuchen ständig, sich zu beißen,
dann passen sie einfach nicht zusammen.
Versuchen Sie dann, andere Partner zu finden.

Gehege oder wird schnell ausgerissen. Da darf
der Halter nicht eingreifen – solange kein Blut
fließt, müssen die Kaninchen es einfach unter
sich ausmachen. Es kann schon ein paar Tage
dauern, bis aus den Streithähnen echte Freunde
werden. Mitunter sind beide Tiere eine Zeit
lang gereizt, vergessen ihre Stubenreinheit und
wirken gestresst. Aber normalerweise vertragen
sich die Tiere nach kurzer Zeit und schon bald
leckt das eine dem anderen die Ohren.

Andere Tiere?

Kein anderes Tier kann dem Kaninchen den Sozialpartner ersetzen!

Leider werden Kaninchen oft einzeln mit **Meerschweinchen** zusammengesetzt. Diese Tiere haben sich tatsächlich nichts zu sagen: Das Kaninchen versteht die Lautsprache des Meerschweinchens nicht, das Meerschweinchen versteht nicht, warum das Kaninchen stumm bleibt. Das Meerschweinchen mag nicht abgeleckt und gekuschelt werden, das Kaninchen vermisst diese Zuwendung, denn bei Meerschweinchen gehört das nicht zum typischen Verhalten. Beide Tiere haben unterschiedliche Aktivitätszeiten und stören sich beim Schlafen. Ihre Bedürfnisse und Verhaltensweisen sind total verschieden und so kommt es immer wieder zu Missverständnissen, die auf beiden Seiten zu Frust und im schlimmsten Fall zu massiver Aggression führen.

Beim Auslauf können manche Kaninchen sich gut gegen **Hunde** und **Katzen** zur Wehr setzen. Aber ohne Aufsicht sollten diese Tiere trotzdem nicht zusammen sein. Jagdhunde dürfen nicht in die Nähe der Kaninchen.

Mäuse, **Ratten**, **Hamster** und andere kleine Tiere können durch Kaninchen sogar verletzt werden.

Besonders die großen **Vögel** können den Kaninchen gefährlich werden, und dass manche **Reptilien** die Kaninchen zum Fressen gern haben, muss wohl kaum erwähnt werden.

Schau mir zu

Kaninchen haben viele Eigenarten und zeigen Verhaltensweisen, die wir Menschen nicht immer leicht deuten können. Dabei ist es gar nicht so schwer, **kaninisch** zu verstehen.

▲ **Hier ist** Vorsicht geboten, damit es beim bloßen Gucken bleibt!

▼ Alles im Blick! *Seiner Aufmerksamkeit entgeht nichts.*

EINGESCHRÄNKTES AUSDRUCKSVERHALTEN

Leider können Widderkaninchen durch ihre fehlende Ohrmuskulatur nicht mehr alle Verhaltensweisen zeigen. Dies führt manchmal auch bei den Kaninchen untereinander zu Missverständnissen und erschwert ihnen die Deutung des Verhaltens.

Körperhaltung

Schon die Körperhaltung verrät Ihnen viel über Ihre Kaninchen.

▶ **Geduckt:** Das Kaninchen drückt sich flach auf den Boden, legt die Ohren an und reißt die Augen auf. Es unterwirft sich. Entweder hat es beim Rangkampf verloren oder es unterwirft sich dem Menschen, der es greifen will.

▶ **Regungslos:** Das Kaninchen erstarrt in der Bewegung, hat die Augen weit offen, die Ohren aufgerichtet und zeigt heftigere Flankenatmung. Es hat sich erschreckt. Wenn es nicht flüchten kann, erstarrt es, damit es von Feinden nicht gesehen wird.

▶ **Gereckt:** Das Kaninchen steht auf allen Vieren hoch aufgereckt, das Schwänzchen ist aufgerichtet und die Ohren sichern die Umgebung. Es ist neugierig, etwas hat seine Aufmerksamkeit erregt.

▶ **Ausgestreckt:** Das gesunde Kaninchen liegt entspannt und lang ausgestreckt, oft mit nach hinten gelegten Hinterbeinchen und mit dem Kinn auf den Vorderpfoten, oder sogar auf der Seite. Es ruht sich aus, ist entspannt und fühlt sich sicher.

▶ **Aufrecht:** Auf den Hinterpfoten aufgerichtet macht das Kaninchen Männchen. So verschafft es sich einen besseren Überblick. Viele Kaninchen richten sich auch auf, um ihrem Halter beim Betteln näher zu sein oder um ihn zum Spielen oder Kraulen aufzufordern.

Aktionen

Warum klopft das Kaninchen oder buddelt? Alles hat seinen guten Grund.

▶ **Mit den Hinterläufen klopfen:** Wenn Kaninchen beunruhigt sind, stampfen sie fest mit den Hinterläufen auf den Boden.
Es ist für andere Kaninchen ein deutliches Warnsignal. Mögliche Gefahr, aber auch Schmerzen oder Einsamkeit, können dieses Klopfen auslösen.

▶ **In die Luft springen und Haken schlagen:** Auf der Flucht vor Feinden springen Kaninchen und schlagen Haken, indem sie sich beim Sprung in der Luft drehen. So können sie die Richtung, in die sie laufen, schnell ändern und den Jäger abhängen. Beim Toben und Spielen trainieren sie das Hakenschlagen. Dabei schütteln sie häufig übermütig ihren Kopf.

▶ **Urin verspritzen:** Unkastrierte Rammler und dominante Weibchen zeigen dies häufiger, vor allem bei Vergesellschaftungen zur Reviermarkierung und bei Stress.

▶ **Panisch wegrennen:** Wird ein Kaninchen gejagt oder hat es sich erschreckt, rennt es panisch davon. Es kann dabei nur kurze Strecken sprinten. Ist es sehr erregt, rennt es auch gegen Wände und verfehlt den Eingang zu seinem Haus. Hat ein Kaninchen sich so sehr erschreckt, dann sollte es unbedingt in Ruhe gelassen werden, damit es sich wieder beruhigen kann.

GUT ZU WISSEN

Zeigt das Kaninchen eine schnelle Atmung und heftige Nasenbewegungen, kann das auch auf eine Krankheit oder einen Hitzeschlag hindeuten.

WENN KANINCHEN KOT FRESSEN

Kaninchen sind häufiger dabei zu beobachten, wie sie direkt am After Kot aufnehmen und fressen. Dies ist der sogenannte Blinddarmkot. Dieser besteht aus kleinen, traubenförmig angeordneten Kügelchen und riecht sehr streng. Er enthält lebenswichtige Vitamine und Mineralien, die mithilfe bestimmter Enzyme und Bakterien im Blinddarm aus der Nahrung aufgespalten werden.
Werden Kaninchen daran gehindert, ihren Kot aufzunehmen, kommt es zu schweren Mangelerscheinungen.

- **Gegenstände umherschubsen:** Kaninchen haben einen ausgeprägten Spieltrieb. Sie untersuchen alles und schubsen es dabei vor sich her. Beliebt sind Spielsachen, Brötchentüten, Papprollen sowie mit Heu und Kräutern gefüllte Weidenbälle.

- **Wühlen:** Kaninchen haben einen extremen Wühltrieb. Sie graben sich in freier Wildbahn große unterirdische Baue und möchten auch in der Heimtierhaltung buddeln. Wenn sie dazu nicht die Möglichkeit haben, nutzen sie Handtücher, Pullover und alle Stoffe, derer sie habhaft werden können und scharren sie unter sich durch.

- **Intensives Schnüffeln:** Die Nase bewegt sich intensiv, die Ohren sind aufgerichtet und die Atmung ist beschleunigt. Das Kaninchen ist aufgeregt und versucht herauszufinden, was seine Aufmerksamkeit erregt hat.

▼ *„Wonach riecht's denn hier?"*
Neugierig wird das Außengehege abgeschnüffelt.

Interaktion

Am interessantesten ist das Verhalten der Kaninchen untereinander.

▶ **Schnuppern und anstoßen:** Zur Begrüßung heben Kaninchen den Kopf und beschnuppern den Artgenossen oder Menschen. Ein Stups mit der Nase bedeutet, dass das Kaninchen von seinem Artgenossen geputzt oder vom Menschen gekrault werden möchte. Hebt es aber heftig den Kopf, möchte es keine weitere Zuwendung mehr.

▶ **Ablecken:** Kaninchen putzen sich untereinander durch intensives Ablecken. Sie festigen so ihre Freundschaften. Nehmen die Kaninchen den Menschen als Gruppenmitglied auf, ist es für sie selbstverständlich, dass auch er abgeputzt wird. Kaninchen, die allein leben, lecken ihren Halter häufiger ab, was aber kein Zeichen von besonders intensiver Zuneigung oder Salzmangel, sondern eher von Einsamkeit und fehlgeleitetem Sozialverhalten ist.

▶ **Bespringen oder berammeln:** Kaninchen bespringen und berammeln sich gegenseitig, um ihren Rang innerhalb einer Gruppe auszufechten. Dabei wird das unterlegene Kaninchen vom ranghöheren Kaninchen von hinten bestiegen. Natürlich zeigt das Berammeln auch den Geschlechtstrieb an.

Hör mir zu

Kaninchen haben keine richtige Lautsprache, aber einige Geräusche geben sie doch von sich.

▶ **Leises Fiepen:** Leise fiepend rufen Jungtiere aus dem Nest ihre Mutter. Fiept ein erwachsenes Kaninchen, dann hat es Angst oder ist sehr unsicher.

▶ **Tiefes Brummen:** Tief aus der Brust scheint dieser Laut zu kommen. Paarungsbereite Kaninchen brummen, Weibchen brummen, wenn sie schlecht gelaunt sind, und es kann auch ein Warnlaut sein.

▶ **Fauchen und knurren:** Unzufriedene und wütende Kaninchen knurren und fauchen. Wenn sie das tun, sollte man besser auf Abstand bleiben.

▶ **Zähneknirschen:** Entspannte Kaninchen mahlen mit den Zähnen. Knirschen sie aber energischer, könnte das auch ein Zeichen von Stress und Schmerzen sein.

▼ *Vorsichtig und sehr interessiert nähert sich ein Kaninchen seinem neuen Partner.*

▼ *Liebevolle Fellpflege* ist ein tägliches Ritual und festigt die Freundschaft.

▲ **Vorsichtig** schaut das kleine Fellknäuel aus seinem sicheren Versteck.

Wohn(t)raum

Das Kaninchenheim ist der Lebensraum für Ihre Langohren.
Bieten Sie ihnen dort viel Platz und Abwechslung – dann haben
auch Sie mehr Freude an Ihren kleinen Mitbewohnern.

Der Lebensraum für unsere Langohren muss ausreichend Platz zum Spielen, Kuscheln, Laufen, Hoppeln, Schnüffeln, Fressen, Schlafen und noch mehr bieten. Ein normaler Gitterkäfig reicht da nicht aus! Kaninchen in solchen Käfigen werden schnell träge, gelangweilt, frustriert und oft aggressiv. Niemand möchte aber Heimtiere haben, die nur langweilig in einer Käfigecke sitzen, ständig am Gitter nagen oder sich mit dem Partner um jeden Zentimeter Lebensraum streiten. Deshalb sollte man sich von vorneherein für ein großes Gehege entscheiden.

GEHEGEGRÖSSE

Das Gehege für die Kaninchen sollte eine Bodenfläche von mindestens 2 m² pro Tier aufweisen. Wenn die Kaninchen keinen täglichen Auslauf haben, darf es selbstverständlich gern noch größer sein.

Gehegearten

Es gibt viele Möglichkeiten, ein Kaninchengehege in die Wohnung zu integrieren. Für die Kaninchen spielt es dabei keine Rolle, ob das Gehege mit einfachsten Mitteln günstig errichtet wurde oder mit edlen Hölzern in die Wohnung eingepasst wird. Für sie ist nur wichtig, dass es groß und gut strukturiert ist. Ihnen kommt es aber auch darauf an, dass die Kaninchen im Gehege bleiben, wenn sie das sollen.

Deswegen sollten Gehege mindestens 80 cm hoch sein, da die meisten Kaninchen nicht darüber springen. Achten Sie aber darauf, keine Einrichtungsgegenstände zu nah am Rand zu platzieren, damit die Kaninchen diese nicht als Treppe in die Freiheit nutzen können. Springen die Kaninchen trotzdem aus dem Gehege, hilft ein einfaches Katzenschutznetz aus dem Zoofachhandel.

Alle Teile des Geheges sollten zur Reinigung gut zugänglich sein, das erleichtert Ihnen die täglichen Pflegemaßnahmen.

Kaninchenzimmer

Die einfachste Möglichkeit für einen Kaninchenlebensraum ist natürlich ein eigenes Zimmer für die Tiere. Dabei ist darauf zu achten, dass der Boden leicht zu reinigen und der Bodenbelag tiergerecht ist (siehe Seite 29 und Seite 49). Die Wände sollten bis zu einer Höhe von 80 cm gegen Knabberversuche gesichert werden.

Variable Gehege

Diese Gehege können bei Bedarf schnell erweitert oder verkleinert werden.

▸ **Gittergehege:** Mit fertig gekauften Freigehegen aus dem Zoohandel kann leicht ein Teil des Zimmers für die Kaninchen abgetrennt werden. Diese Gitter werden einfach in einer Zimmerecke aufgestellt und gegebenenfalls an der Wand befestigt.

▸ **Selbst gebaut:** Tackern Sie Volierendraht auf einen Holzrahmen. Aus mehreren solcher Rahmen, mit Scharnieren verbunden, lässt sich leicht eine Absperrung aufbauen.

Festes Gehege

Dekorativer sind fest gebaute Gehege. Dazu werden Wände aus beschichteten Spanplatten farblich der Wohnungseinrichtung angepasst. Die Vorderseite des Geheges wird mit Plexiglas oder anderen durchsichtigen Materialien verschlossen. Damit das Gehege leicht gereinigt werden kann, wird es begehbar gebaut oder die Vorderfront wird so angebracht, dass sie sich leicht entfernen lässt. An den Seiten und nach oben hin werden Volierendraht oder Gitter zur Belüftung eingebaut. Auch getrennt zu öffnende Gitterdeckel sind möglich. Bei dieser Gehegevariante sollte allerdings ebenfalls eine Grundfläche von 4 m² für 2 Tiere (ohne Etagen) eingehalten werden.

Käfig

Handelsübliche Gitterkäfige eignen sich nur als zusätzlicher Unterschlupf im Gehege oder als Quarantäne- und Krankenkäfig. Müssen die Kaninchen vor anderen Heimtieren geschützt werden, können vier große Kaufkäfige miteinander verbunden werden, indem Seitenteile weggenommen und die Käfige aneinander geschoben werden. Aber auch das bietet den Kaninchen dauerhaft nicht genug Lebensraum, Auslauf ist hier sehr wichtig.

Werden Käfige als Schlafplatz angeboten, müssen sie jederzeit offen stehen. Gittertüren und Käfigoberteile sollten auf jeden Fall z. B. mit einer Holzplatte abgedeckt werden, damit die Kaninchen nicht mit ihren Füßchen hängen bleiben, wenn sie darauf springen.

STANDORT

▶ Kaninchen benötigen frische Luft und Morgen- oder Abendsonne, um gesund zu bleiben.

▶ Direkte Sonneneinstrahlung sowie starkes Aufheizen des Geheges durch die Heizung oder Sonne sollten vermieden werden.

▶ Da die Kaninchen viel Lärm machen und die Einstreu staubt, sind Schlaf- und Kinderzimmer keine geeigneten Standorte.

▶ Durchgangszimmer und Flure machen die Tiere nervös.

▶ Die Dämpfe in der Küche sind ungesund.

▶ In der Nähe des Kaninchengeheges sollte nicht geraucht und keine laute Musik gehört werden. Auch künstliche Raumdüfte sind tabu.

◀ *Ein einfaches Gittergehege* ist kostengünstig, schnell aufgebaut und variabel.

Bodenbelag

Wenn die Kaninchen ein eigenes Zimmer oder eine Zimmerecke für sich haben, stellt sich natürlich die Frage nach einem geeigneten Bodenbelag.

Für stubenreine Kaninchen ist normale Auslegware geeignet. Kunststoffteppiche und die meisten Mischgewebe und Kokosfasern sind jedoch ungeeignet, auf diesen laufen sich die Tiere schnell ihre Fußsohlen „heiß": Das Fell wird von den Füßen abgeschmirgelt, es entstehen kahle Stellen an den Hinterläufen. *Gute Erfahrungen wurden mit weichen Teppichen aus Baumwolle bzw. mit hohem Baumwollanteil gemacht.* Der Teppich sollte aber nicht zu weich und nicht zu hochflorig sein, denn sonst kommen viele Kaninchen, vor allem die Damen, auf die Idee, diesen als Nistmaterial aufzuarbeiten. Schlingenware ist nicht geeignet, in den Schlingen können die Kaninchen mit den Krallen hängen bleiben.

Sind die Kaninchen nicht stubenrein, sollte PVC, CV, Linoleum oder Laminat mit möglichst grober Struktur als Bodenbelag verwendet werden. Auf zu glatten Böden rutschen die Kaninchen leicht und können sich verletzen. Zwar lernen die Tiere mit der Zeit, sich auf glatten Flächen vorsichtig zu bewegen – aber was bringt so viel Freiheit, wenn die Tiere sich nicht austoben können und nur vorsichtig hoppeln?

Damit die Kaninchen nicht rutschen, sollten auf glatten Böden waschbare Teppiche verteilt werden. Gut geeignet sind „Flickenteppiche", Badezimmermatten und Leinenbettwäsche. Diese werden gegen das Verrutschen mit Matten oder Klebeband gesichert.

TEPPICHTEST

Machen Sie beim Kauf des Teppichs einen einfachen Test: Reiben Sie mit der Handfläche über den Teppich. Wird die Hand schnell heiß, dann werden auch die Hinterläufe der Kaninchen schneller Schaden nehmen. Der Teppich sollte auch nicht piksen oder zu hart sein.

▶ *Der passende Bodenuntergrund* für ein Kaninchengehege sollte mit Bedacht ausgewählt werden.

Leben im Garten

Die ganz- oder halbjährige Außenhaltung ist sicher die natürlichste und gesündeste Haltungsform für Kaninchen. Frische Luft, Erde zum Umgraben, eine Wiese zum Toben und Grasen sowie jahreszeitliche Temperaturschwankungen halten die Tiere gesund und fit.

Außenhaltung von Kaninchen

Wenn Kaninchen aus der Wohnung in den Garten umziehen sollen, müssen einige einfache Regeln beachtet werden.

Nur ganz gesunde Tiere dürfen den Winter im **Garten** verbringen. Manche Rassen haben Probleme mit Feuchtigkeit, da ihr Fell Feuchtigkeit nicht mehr ausreichend abweist, vor allem sind das langhaarige Rassen und Rexkaninchen. Ihre Gehege und der Auslauf sollten besonders gut vor der Witterung geschützt werden. Die Kaninchen müssen bereits im **Sommer** bis Spätsommer an den Garten gewöhnt werden und dürfen dann auch nicht mehr ins Haus geholt werden. Nur dann bilden sie ein dichtes Winterfell aus und sind gegen die Witterung geschützt.

Bevor Kaninchen frei auf der Wiese grasen dürfen, gewöhnt man sie langsam an das **Grünfutter**, damit es nicht zu Verdauungsproblemen kommt.

HOLZHAUS

Für große Kaninchengruppen eignen sich statt normaler Schutzhütten auch Gartenhäuser aus Holz als Winterquartier. In den Gartenhäusern sollten strohgefüllte Kisten oder Hütten als zusätzlicher Unterschlupf angeboten werden, denn nur diese können die Kaninchen mit ihrem Körper ausreichend aufwärmen.

◀ **Frische Luft,** leckeres Gras, Platz zum Buddeln und Toben – was will Kaninchen mehr?

Die Schutzhütte

Für einen Gartenaufenthalt in den Sommermonaten ist es ausreichend, wenn für die Kaninchen pro Paar mindestens eine normale Schutzhütte mit einer Grundfläche von etwa 0,4 m² für kleine Kaninchen und 0,5 m² für mittelgroße Kaninchen und 0,8 m² für sehr große Rassen im Gehege steht. Solche Schutzhütten werden als Kaninchenställe im Fachhandel angeboten. Für die Wintermonate müssen die Schutzhütten besser **isoliert** sein. Eine Holzdicke ab 1,5 cm oder eine zusätzliche Außenisolierung ist dann notwendig.

Der Deckel der Schutzhütte muss sich leicht öffnen lassen, damit die Tiere darin versorgt werden können. Ein etwa 1 cm großer Spalt zwischen Deckel und Wand oder Löcher am oberen Teil der Hütte sorgen für eine ausreichende Luftzirkulation, damit sich in der Hütte kein Kondenswasser bildet. Es ist dabei darauf zu achten, dass es in der Hütte keinen Durchzug gibt und dass die Belüftung so hoch angebracht ist, dass die Kaninchen nicht im Luftzug sitzen.

Die Schutzhütte sollte neben einer Etage und einer dick mit Streu und Stroh gepolsterten Ruheecke auch eine Futterstelle und einen Heuberg bieten. Benutzen die Kaninchen eine Ecke

als Toilette, sollte diese täglich gereinigt werden, denn Feuchtigkeit in der Schutzhütte ist gerade im Winter gefährlich. Futter und Wasser vor allem bei Minusgraden besser auf einer Etage in der Schutzhütte anbieten, da es dort nicht so schnell einfriert.

Der Auslauf

Viel Auslauf ist zu jeder Jahreszeit wichtig. Im Winter müssen sich die Kaninchen viel bewegen, um sich warm zu laufen, im Sommer suchen sie auf der Wiese Futter. Deshalb sollte jedes Kaninchengehege über einen Auslaufbereich verfügen, den die Tiere tagsüber oder besser durchgehend nach Belieben aufsuchen können.

Pro Kaninchen wird bei kleinen Gruppen eine **Fläche** von 3 m² benötigt. Bei sehr großen Gruppen reichen auch 2 m² pro Tier.

Um Marder, Ratten, Raubvögel, Katzen und andere Jäger abzuwehren und um zu verhindern, dass die Kaninchen sich aus dem Gehege buddeln oder herausspringen, muss das Gehege von allen Seiten **gesichert** werden. Für die Umzäunung des Auslaufs wird ein punktgeschweißter, rostfreier Kaninchendraht verwendet. Der Gitterabstand sollte dabei nicht mehr als 2 cm betragen.

Der Volierendraht wird am Rand senkrecht in den Boden **eingegraben**, mindestens 30, besser 50 cm. An den Rändern können auch Gehwegplatten senkrecht eingelassen werden, um weiteren Schutz zu bieten.

Um den Boden zu sichern, gibt es verschiedene Möglichkeiten. Tragen Sie z. B. den Boden gut 50 cm tief ab, legen Sie dort ein rostfreies Gitter aus und füllen Sie dann den Boden wieder mit Erde auf. So können die Kaninchen zumindest ein wenig graben, kommen aber nicht aus dem Gehege heraus.

Der Boden kann auch aus Beton gegossen oder mit Waschbeton- oder Steinplatten ausgelegt werden. Nur im Sommer darf ein Teil davon offen liegen, damit die Kaninchen sich dort abkühlen können. Im Winter muss ein Steinboden komplett **abgedeckt** werden, idealerweise mit Rindenmulch, einem Erde-Sandgemisch, Sandkastensand oder mit einer sehr hohen Schicht Stroh und Einstreu.

Für kleine Ausläufe, die von zwei Kaninchen nur am Tage genutzt werden, reicht eine **Gehegehöhe** von etwa 50–60 cm aus. Bei so kleinen Ausläufen wird der gesamte Auslauf mit Gitterdeckeln abgedeckt, die einzeln zu öffnen sind. Solche Gehege gibt es auch fertig zu kaufen.

Größere Gehege sollten so hoch gebaut werden, dass ein Mensch aufrecht darin stehen kann. Das erleichtert die Reinigung und die tägliche Versorgung der Kaninchen. So ein Gehege wird kompakt gebaut, indem starke Stützpfeiler senkrecht an den Seiten und mit etwa 1 m Abstand im Boden verankert und mit Kaninchendraht gesichert werden. Die Decke sollte schräg sein, damit Regen von einer Schutzplane oder von den Holzlatten ablaufen kann und damit sich im Winter keine gefährlich schwere Schneeschicht auf dem Dach bildet. Es ist auch möglich, das Gehege pyramidenförmig zu bauen.

Die **Windseite** des Geheges muss mit einer festen Holzwand versehen werden. An dieser windgeschützten Seite wird die Schutzhütte sicher aufgestellt. Bei starken Regen- oder Schneefällen ist es sinnvoll, den Auslauf zumindest teilweise mit einer Plane abzudecken.

GEHEGEBEPFLANZUNG

Der Auslauf kann mit Gras, Löwenzahn, Giersch und anderen Wiesenkräutern begrünt werden. Sträucher bieten den Kaninchen Futter und dienen als Unterschlupf. Haselnuss, Johannisbeere, Hainbuche und Heidelbeere sind gut geeignet. Schützen Sie die Wurzeln und Sträucher mit einem ca. 50 cm hohen Gitter oder einer Holzumrandung.

▶ *Pyramidengehege* sehen schön aus und benötigen nur wenig Platz.

Sommer und Winter

Ein Teil des Auslaufs sollte immer im Schatten liegen, dabei ist darauf zu achten, dass die Sonne das Gehege zu unterschiedlichen Tages- und Jahreszeiten anders bescheint. Die Schutzhütten dürfen sich im **Sommer** nicht zu stark aufheizen, auf eine ausreichende Belüftung des Auslaufes ist zu achten. Mehrere Wasserstellen sollten eingerichtet werden.

Im **Winter** muss zumindest ein Teil des Auslaufs vom Schnee befreit werden. Wenn in den Schutzhütten dauerhaft Minustemperaturen herrschen, sollte eine Wärmequelle eingebaut werden. Dies kann eine Wärmelampe sein oder auch nur ein Heizkissen, das die Wärme lange hält. Hier können die Kaninchen sich aufwärmen. Beheizte Näpfe oder Wärmeplatten unter den Näpfen verhindern das Einfrieren des Trinkwassers. Achten Sie darauf, dass die Kaninchen die Kabel nicht erreichen können. Frischfutter sollte mehrmals am Tag in kleinen Mengen an einem geschützten Ort angeboten werden. Es darf nicht einfrieren.

Wohlfühleinrichtung

Ein Kaninchengehege wird erst mit der richtigen Einrichtung zu einem Lebensraum. Dabei entscheiden schon Kleinigkeiten darüber, ob die Kaninchen sich in ihrem Heim wohlfühlen oder nicht.

GUT ZU WISSEN

Im Winter benötigen Kaninchen in Außenhaltung energiereiches Futter. Trockengemüse, Samen, Kerne, Kräuterpellets und Getreideflocken sollten dann in kleinen Mengen zugefüttert werden.

Basics

Zu den täglich benötigten Einrichtungsgegenständen gehört alles, was mit der Aufnahme von Nahrung zu tun hat. Solches Zubehör sollte immer doppelt vorhanden sein, damit es zum Reinigen ausgetauscht werden kann.

▶ **Wassernapf und Tränke:** Große Steingutnäpfe ab 500 ml Füllmenge können leicht mit heißem Wasser ausgespült und problemlos von groben Verschmutzungen gereinigt werden und eignen sich sehr gut, um Wasser sauber anzubieten. Die Näpfe sollten auf Etagen oder einem kleinen Steinpodest stehen, damit der Inhalt nicht so schnell schmutzig wird.

Das Trinken aus einer Wasserflasche erfordert vom Kaninchen eine unnatürliche Körperhaltung. Statt auf natürliche Art von unten zu trinken, muss es den Kopf zum Trinken hoch nehmen – dabei kann es sich verschlucken. Wasserflaschen sind auch keinesfalls hygienischer als Näpfe. Tränken müssen umständlich auseinandergenommen und mit einer speziellen Flaschenbürste gereinigt werden. An manchen Stellen, z. B. dem Trinkröhrchen, sind sie nur schwer zu reinigen, zudem bilden sich dort schnell Algen und Bakterien. Da das Wasser in Tränken aber sauber aussieht, werden diese leider auch zu selten frisch befüllt.

► **Futternäpfe:** Frischfutter und andere Futtermittel können im Napf angeboten werden. Näpfe sollten immer so groß sein, dass alle Tiere aus einer Gruppe bequem daran Platz haben. Steingutnäpfe eigenen sich also nur für Kleingruppen. Für größere Gruppen haben sich kleine Auflaufformen und flache Pflanzen-Keramikuntersetzer bewährt. Streiten sich die Kaninchen allerdings oft um das Futter, sollte es in kleinen Portionen im ganzen Gehege verteilt werden.

▼ *Heuraufen sollten in keinem Kaninchengehege fehlen.*

► **Heuraufen:** Grundsätzlich ist die Heuaufnahme direkt vom Boden für die Kaninchen bequem und sinnvoll. Nur so haben sie beim Fressen eine natürliche Körperhaltung. Heu sollte also immer auch in flachen Schalen direkt auf dem Boden zur Verfügung stehen und dort täglich ausgetauscht werden.

Da das Heu am Boden aber leicht verschmutzt und damit die Kaninchen nicht gezwungen sind, verschmutztes Heu zu fressen, wird immer zusätzlich Heu in Raufen angeboten. Im Handel gibt es verschiedene Heuraufen, nicht alle sind jedoch gut geeignet.

Grundsätzlich sollte eine Raufe so beschaffen sein, dass sie von den Tieren nicht umgestoßen werden kann, die Kaninchen nicht hineinspringen können und die Stäbe nicht zu weit oder zu eng zusammenstehen. Das Heu muss gut entnommen werden können, aber der Kopf der Tiere, auch von Jungtieren, sollte nicht durch die Gitterstäbe passen. 2–4 cm Gitterabstand sind hier richtig.

Eine schöne Heuraufe können Sie auch leicht selbst bauen. Als stabiler Boden eignen sich große, viereckige Ytongsteine. Im Abstand von 3 cm werden am Rand entlang Löcher gebohrt. Dort hinein werden senkrecht Zweige oder dünne Bambusstäbe gesteckt. Die Zweige oder Stäbe sollten etwa 40 cm hoch sein, damit die Kaninchen nicht in die Raufe springen.

SCHNELL GEBASTELT: STOFFRAUFEN

In eine Einkaufstasche aus Leinen werden mehrere bis zu 4 cm große Löcher geschnitten. Dann wird die Tasche mit Heu gefüllt und mit den Henkeln an das Gitter geknotet oder zugebunden in das Gehege gelegt. Auch ein Jeanshosenbein oder Pulloverärmel kann – an den Enden zugeknotet und mit Löchern versehen – zur Heuraufe werden.

Verstecke

Kaninchen verbringen einen großen Teil ihres Lebens in einem sicheren Unterschlupf.

In freier Wildbahn dienen Höhlen und auch Sträucher als sichere Deckung. Dabei ist es Kaninchen besonders wichtig, dass sie von Raubvögeln, also von oben, nicht gesehen werden können.

Kaninchen möchten selbst allerdings den Überblick behalten – Unterstände, in denen sie von ihrer Umwelt völlig abgeschottet sind, eignen sich daher nicht.

Im Rudel ist es ebenfalls sehr wichtig, dass rangniedere Kaninchen problemlos nach hinten oder zur Seite ausweichen können, wenn ein ranghöheres Tier den Unterschlupf betritt. In engen Häusern ist das meist nicht möglich und so gibt es dort schnell Streit. *Jedes Tier aus der Gruppe braucht mindestens einen eigenen Unterstand, damit es sich auch einmal zurückziehen kann.* Ranghöhere Tiere haben ihre Schlafhöhlen in der Mitte des Geheges, im Rang niedere am Rand.

▶ **Häuser:** Geeignete Häuser für Kaninchen sollten für Zwergkaninchen eine Kantenlänge von mindestens 35 cm, für normale Kaninchen 40 cm und für größere Rassen entsprechend mehr haben, damit sich die Kaninchen bequem ganz darin ausstrecken können. Eine Mindesthöhe von 20 cm ermöglicht es den Tieren, im Haus bequem aufgerichtet sitzen zu können. Optimal sind Häuser, die über zwei Eingänge an gegenüberliegenden Seiten verfügen. So können die Kaninchen problemlos durch das Haus hindurchrennen und sich aus dem Weg gehen. Der benötigte Durchmesser der Eingänge hängt von der Größe der Tiere ab; für Zwerge reichen z. B. 12 cm, für mitelgroße Tiere 15 cm.

▶ **Röhren und Brücken:** Im Fachhandel gibt es biegsame Brücken aus Weiden- oder Haselnusszweigen, die u-förmig zurechtgebogen als Unterstand angeboten werden. Wählen Sie die Brücken nicht zu klein aus – sie können nur dann als richtiger Unterschlupf dienen, wenn sie hoch genug sind, dass die Kaninchen bequem aufrecht darunter sitzen können. Auch Halbröhren oder Röhren aus leicht zu reinigendem Kork sind geeignet.

Etagen und weitere Schlafplätze

Kaninchen mögen es, hoch zu sitzen und von dort aus die Umgebung zu überblicken. Dafür können verschieden hohe Plattformen im Gehege angeboten werden, die mit Handtüchern, Teppichresten oder Kuscheldecken abgedeckt werden und mit kleinen Heubergen zum Verweilen einladen. Optimal sind Etagen, die so angebracht sind, dass die Kaninchen sie als Treppe bis ganz nach oben nutzen können. Für kleine Kaninchen sollte der Abstand zwischen diesen Etagen etwa 20–25 cm betragen. Diese Etagen können z. B. an einer Wand im Auslauf angebracht werden. Dazu werden einfach entsprechende Regale von mindestens 30 cm Tiefe an die Wand geschraubt. Achten Sie jedoch darauf, dass die Kaninchen nicht zu tief fallen können. Sehr hohe Etagen sollten daher mit einem Gitter- oder Volierendraht gesichert werden. *Aufgestellte Baumstümpfe dienen als Aussichtsturm.* Für kleine Tischetagen werden mindestens 50 x 50 cm große Holzplatten mit vier Kanthölzern von 20–25 cm Länge als Beinen versehen. Diese Etagen werden über beliebte Schlafplätze gestellt, z. B. über eine mit Streu und Stroh gefüllte Käfigbodenschale oder über eine Kuscheldecke.

GUT ZU WISSEN

Stellen Sie das Gehege nicht zu voll. Den Kaninchen muss noch ausreichend Platz zur Verfügung stehen, um ausgelassen rennen und springen zu können.

◀ **Korkröhren** bieten Sicherheit und jede Menge Spaß.

Einrichtung für Außengehege

Der Auslauf sollte abwechslungsreich gestaltet werden. Als Buddelgelegenheit können verschiedene Kisten mit Sand angeboten werden, z. B. auch Sandkästen für Kinder. Verschiedene Unterschlüpfe aus Steinröhren (Pflanzsteine für Blumen), große Holzwurzeln, Weidenbrücken und mit ungiftigen Sträuchern und Bäumen bepflanzte Kisten können das Gehege aufwerten.

Im Sommer spenden Sonnensegel Schatten. Dafür werden einfach Tücher aufgespannt, die entweder an Sträucher gebunden oder auf senkrecht in den Boden gesteckte Äste gespannt werden. Im Winter schützen zu einer Seite offene Kisten die Heuvorräte und das Futter vor der Witterung.

Balkonhaltung

Platzbedarf und Einrichtung orientieren sich bei der Haltung auf einem Balkon an der Außenhaltung. Achten Sie darauf, dass der Balkon rundherum gesichert ist. Reicht die Balkonumrandung nicht bis zum Boden, muss dort nachgebessert werden.

Zusätzlich sollte der Auslauf nach vorne und nach oben mit einem Katzenschutznetz gesichert werden, damit die Kaninchen nicht über die Balkonbrüstung springen und ungebetene Gäste wie Katzen und Vögel nicht zu den Kaninchen gelangen können.

Der Boden des Balkons sollte entweder ganz oder zumindest teilweise eingestreut werden. Waschbare Teppiche (siehe Seite 26) bieten einen rutschfesten Untergrund.

Auslauf auf kalten Betonböden oder Fliesen kann zu Erkältungskrankheiten sowie Nieren- und Blasenerkrankungen führen.

Damit die Tiere bei Regen trotzdem Auslauf bekommen können, sind durchsichtige Plastikplanen am oberen Balkonrand sinnvoll.

QUICK-BLICK: ZUBEHÖR

▶ Futternäpfe
▶ Wasserschalen
▶ Heuraufen
▶ Unterstände
▶ Röhren und Brücken
▶ Etagen
▶ Toiletten

▶ **Paradiesisch:** *ein abwechslungsreiches Außengehege mit viel Platz und Artgenossen.*

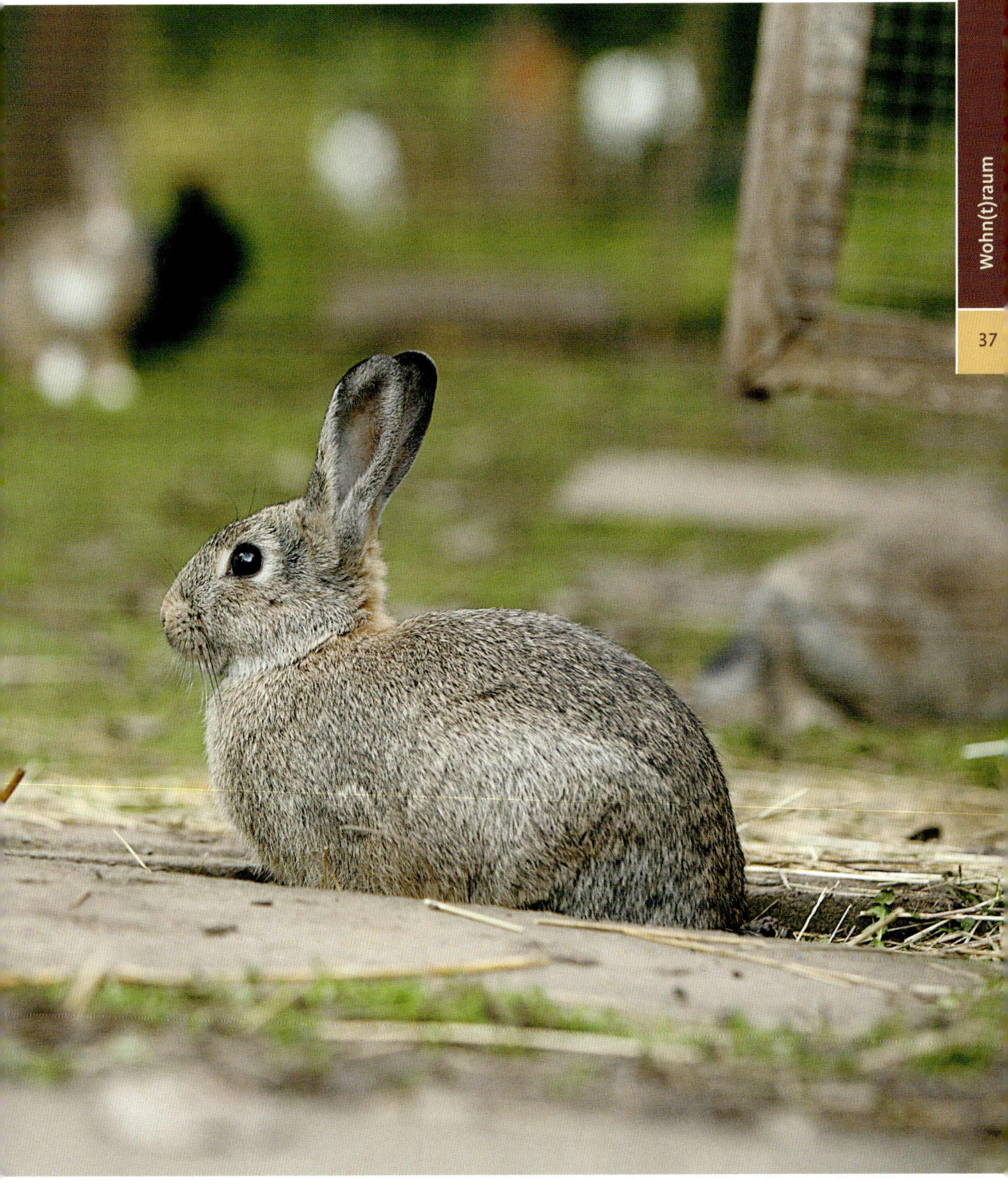

▲ **Wildwiesen** sind das natürlichste und gesündeste Futter für Langohren.

Frisch auf den Tisch

Kaninchen sind echte Feinschmecker und lieben Abwechslung auf dem Speiseplan. Allerdings haben sie eine empfindliche Verdauung, auf die bei der Ernährung Rücksicht genommen werden sollte.

Um die Ernährungsbedürfnisse unserer Heimtiere besser zu verstehen, hilft ein Blick auf ihre wilden Verwandten: Wildkaninchen ernähren sich im Sommer vor allem von Gräsern, Wiesenkräutern, Blättern und – wenn sie dieses erreichen – auch von Gemüse. Auch grüne Getreidehalme werden aufgenommen, reifes Getreide steht eher selten auf dem Speiseplan. Ihre Ernährung ist vegan, wenn man davon absieht, dass sie gelegentlich eher zufällig einen Käfer, Wurm oder andere tierische Nahrung mit ihrem Grünfutter aufnehmen. Im Winter werden bei Hunger vermehrt Rinden, Zweige und sogar Moose gefressen.

Ernährungsbasics

Über den Tag verteilt nehmen Kaninchen zwischen 20 und 40 kleine Mahlzeiten auf. Fressen ist also eine ihrer Lieblingsbeschäftigungen und spielt in ihrem Leben eine große Rolle.

Nur durch eine regelmäßige Futteraufnahme ist eine gute Verdauung gewährleistet. Dabei ist es auch wichtig, dass verschiedene Futterkomponenten zur Verfügung stehen und sich die Kaninchen nicht einseitig ernähren, damit ihr Darm gleichmäßig belastet wird.

Jede **Ernährungsumstellung** muss langsam und vorsichtig durchgeführt werden. Gewöhnen Sie Kaninchen immer schrittweise mit kleinen Portionen an ungewohntes Futter. Bevor Kaninchen das erste Mal auf einer Wiese grasen dürfen, sollten sie vorher einige Tage frisches Grün in langsam steigenden Mengen bekommen. Möchten Sie das gewohnte Trockenfutter absetzen, dann sollten Sie das Futter nach und nach reduzieren.

GUT ZU WISSEN

Das ständige Mümmeln garantiert, dass die Zähne sich durch die gleichmäßige Reibung beim Zermahlen der Nahrung gut abnutzen.

Wasser

Wasser muss täglich frisch zur freien Verfügung im Napf angeboten werden! In Deutschland eignet sich normales Leitungswasser. Nur bei schlechter Wasserqualität aufgrund alter Leitungen oder Schadstoffzufuhr wäre ein nitratarmes und kohlensäurefreies Mineralwasser als Alternative nötig.

Wiese und Heu

Eine schöne **Wildwiese** mit vielen Kräutern, Blüten und verschiedenen Gräsern ist die optimale Grundlage für eine gesunde Kaninchenernährung. Wenn die Möglichkeit besteht, sollten Kaninchen tagsüber auf einer Wildwiese grasen.

Getrocknete Grünlandpflanzen (Heu) werden zusätzlich durchgehend zur freien Verfügung angeboten. Hochwertiges Heu besteht aus verschiedenen Gräsern und Kräutern und enthält viele Nährstoffe, die Kaninchen benötigen.

Für die Kaninchenernährung eignet sich eine **Mischung** aus verschiedenen Heusorten. Der erste Schnitt ist meist grober, bietet mehr Rohfasern und was zu nagen. Der zweite Schnitt wird meist lieber gefressen, ist häufig feiner und hat einen höheren Kräuteranteil, da die Kräuter nach dem ersten Schnitt besser wachsen.

Achten Sie beim Heukauf darauf, dass das Heu frisch riecht, nicht zu stark staubt und sich locker aufschütteln lässt.

Grasrispen, Blätter und Kräuter sowie lange Halme sollten im Heu erkennbar sein. Optimal ist Bioheu, das heißluft- oder reutergetrocknet ist. In solch einem Heu ist die Belastung mit Schimmel gering und durch die schonende Trocknung bleiben mehr Nährstoffe erhalten.

Jutesäcke, Stoffwäschetonnen, Bett-, Kissenbezüge und Taschen aus Baumwolle, Pappkartons, Blechdosen und Holzkisten eignen sich gut, um Heu und Trockenkräuter darin zu **lagern**. Restfeuchte kann entweichen und es kommt nicht zur Schimmelbildung. Heu sollte immer trocken und dunkel gelagert werden. Nicht geeignet ist die Lagerung in Tüten, fest verschlossenen Plastikdosen oder Futtertonnen aus Plastik, denn dort kommt es durch die Restfeuchte eher zu Schimmelbildung.

Trockenkräuter

Vor allem im Winter oder wenn frisches Grünfutter nur in kleinen Mengen vorhanden ist, sollten die Kaninchen getrocknete Kräuter, Blätter und Blüten bekommen. Diese liefern wichtige Proteine, Mineralien und weitere Nährstoffe. Hochwertiges Heu enthält verschiedene Kräuter. Da aber meist nicht klar deklariert ist, welche Kräuter in welcher Menge im Heu sind, ist es sinnvoll, für zwei kleine bis normal große Kaninchen jede Woche gut 50–100 g gemischte Trockenkräuter anzubieten. Eine reichhaltige Mischung besteht z. B. aus Löwenzahn, Brennnessel, Spitzwegerich, Breitwegerich, Haselnussblättern, Apfelbaumblättern, Sonnenblumenblütenblättern und grünem Hafer. Es ist bei Trockenkräutergaben darauf zu achten, dass die kleinen Langohren genug trinken oder viel wasserhaltiges Frischfutter aufnehmen, damit ein Überschuss an Mineralien aus den Kräutern leichter wieder ausgeschieden werden kann.

REICHLICH HEU ANBIETEN

Es ist wichtig, dass die Kaninchen selbst entscheiden können, welche Bestandteile des Heus sie fressen. Auf keinen Fall dürfen sie durch Rationierung gezwungen werden, alles zu fressen. Es befinden sich immer auch weniger verträgliche Pflanzen im Heu, die Kaninchen normalerweise liegen lassen. Es ist bei schlechter Heuqualität durchaus üblich, dass bis zu 50 % des Heus nicht gefressen werden.

▶ *Frische Luft* ums Näschen und ein feiner Grashalm im Maul – so sehen Kaninchenträume aus.

Grünfutter

Im Sommer darf frisch gepflücktes Wiesengrün möglichst oft auf dem Speiseplan stehen. Dazu können gern auch verschiedene Küchenkräuter angeboten werden. Blätter von Bäumen und Sträuchern sowie Kraut und Blätter von Kulturpflanzen wie Möhrenkraut, Fenchelgrün oder Kohlrabiblätter runden das Grünfutterangebot ab.

Grünfutter liefert den Kaninchen vor allem Kohlenhydrate, Fette in Form von Samen, Eiweiße, Mineralien, Vitamine und natürlich jede Menge Abwechslung auf dem Speiseplan. Gesunde Kaninchen dürfen sich an Grünfutter satt fressen, es darf und sollte zur freien Aufnahme angeboten werden.

Keimfutter eignet sich gut als Beifutter. Dafür werden Samen von Fenchel, Löwenzahn oder Petersilie und Getreide wie Hirse, Gerste oder Hafer auf feuchte Küchentücher gelegt und feucht gehalten. Wenn die Keime sprießen, können sie verfüttert werden.

Warnung: Bildet sich weißer und pelziger Belag auf den Keimen, dann ist das Schimmel und die Keime dürfen nicht mehr verfüttert werden!

Futter selbst sammeln

An Stadträndern lassen sich häufig wilde Wiesen finden. Auch in manchen Parks sowie an den Rändern von Friedhöfen und Spielplätzen wächst mitunter frisches, unbehandeltes Grün. Sammeln Sie nur Pflanzen, die Sie sicher bestimmen können und von denen Sie ganz genau wissen, dass sie für die Kaninchen genießbar und ungefährlich sind. Einige einfache Regeln sollten beim Futtersammeln beachtet werden.

▸ **Bewirtschaftete** Felder, Feldränder und Futterweiden mit Vieh sind tabu, denn dort sind die Pflanzen mit Spritzmitteln, Dünger, Viehkot und/oder Parasiten belastet.

▸ **Wiesenränder** besser meiden, denn hier markieren Hunde und Wildtiere bevorzugt und mit dem Kot können Krankheiten und Parasiten eingeschleppt werden.

▸ Gras, welches mit **Rasenmähern** gemäht wurde, darf nicht verfüttert werden. Die Klingen sind meist geölt, Abgase von Benzinrasenmähern sorgen für Schadstoffe im Gras und das kurz geschnittene Gras gärt und schimmelt sehr schnell.

▸ Sind viele **Parasiten** wie Zecken, Fliegen oder Würmer auf der Wiese zu finden, sollte dort nicht gesammelt werden. Rütteln Sie gesammeltes Grünzeug vor dem Verfüttern noch einmal ordentlich durch, damit die Parasiten abfallen.

▸ **Bewahren** Sie frisches Grünfutter nie zu lange auf: Es gärt schnell und wird rasch matschig. Soll ein Teil für eine spätere Fütterung aufbewahrt werden, hält es sich gut aufgeschüttelt auf einem Leinentuch oder im Kühlschrank in einer Tüte für einige Stunden.

▸ Um das Wiesengrün **dauerhaft** haltbar zu machen, kann es auch getrocknet werden. Bei 50 °C im Heißluftofen dauert das Trocknen nur wenige Stunden. Gras kann aber auch auf Leinentüchern, beispielsweise auf Wäschetrocknern oder Gittern ausgebreitet werden. Wenn es warm, trocken und gut belüftet steht und täglich vorsichtig gewendet wird, dauert das Trocknen auch nur einige Tage. Wenn sich das Heu ganz trocken anfühlt, kann es in Leinen- oder Jutesäcke abgefüllt werden. Diese werden aufgehängt und täglich noch einmal kurz aufgeschüttelt. Nach 2–3 Wochen kann dieses selbst hergestellte Heu verfüttert werden. Es hält sich trocken und dunkel gelagert gut 6 Monate.

Gemüse und Obst

Gemüse ergänzt den Futterplan und bringt kulinarische Abwechslung. Mehrmals täglich sollten kleine Portionen Gemüse gereicht werden, Obst gibt es zusätzlich als Leckerchen. Als grobe Faustregel gilt: Geben Sie so große Mengen, dass alles gerade so bis zur nächsten Fütterung verzehrt wird. Um alle lebenswichtigen Nährstoffe zu bekommen, benötigt ein Kaninchen zusätzlich zum Grünfutter **mindestens** 80 g gemischtes Gemüse pro kg Körpergewicht.

Wird wenig Grünfutter gegeben und fressen die Kaninchen gleichzeitig sehr wenig Heu, kann es allerdings durch zu viel zuckerhaltiges Obst und Gemüse zu Darmproblemen kommen. Auf eine ausgewogene Mischung ist also unbedingt zu achten. Knollengemüse und Wurzeln sollten immer dabei sein. *Salate, Gurken und andere stark wasserhaltige Gemüsesorten führen den Tieren Flüssigkeit zu.*
Eine ausgewogene Mischung schützt vor Mangelerscheinungen und Verdauungsproblemen.

▼ *Gemüse- und Kräuterauswahl*

Gemüse	Kräuter
Brokkoli	Basilikum
Chicoree	Beifuß
Chinakohl	getrocknete Brennnessel
Eisbergsalat	Brombeerblätter
Endivien	Dill
Feldsalat (Rapunzel, Nüssler)	Gänseblümchen
Fenchel	Giersch
Grünkohl/ Braunkohl	Golliwoog
Gurken, Schlangengurken	Gras
Kohlrabi	Grünes Getreide
Kopfsalat	Hirtentäschelkraut
Kürbis	Kamille
Möhren, Karotten	Kerbel
Pastinaken	Klee
Paprika verschiedene Farben	Kornblumenblüten
Petersilienwurzel	Liebstöckel
Romanesco	Löwenzahn
Rote Bete, Randen	Oregano
Rucola/Rauke	Petersilie
Spargel	Pfefferminzblätter
Steckrübe, Kohlrübe	Ringelblumenblüten
Stielmus	Sauerampfer
Tomaten	Schafgarbe
Topinambur	Sonnenblumen ohne Kerne
Zucchini	Spitzwegerich

KOHL IST NICHT GLEICH KOHL

Rotkohl, Weißkohl, Rosenkohl und Wirsing können zu starken Blähungen führen. Chinakohl, Kohlrabi, Grünkohl, Brokkoli, Blumenkohl und Romanesco werden in kleinen Mengen gut vertragen. Wird Kohl verfüttert, sollte Folgendes beachtet werden:

▶ Lagern Sie den Kohl im Kühlschrank, so wird er leichter verdaulich.

▶ Gewöhnen Sie die Kaninchen mit kleinen Mengen langsam an den Kohl.

▶ Achten Sie auf eine gesunde und abwechslungsreiche Ernährung und viel Bewegung.

▶ Kaninchen mit Verdauungsproblemen dürfen keinen Kohl fressen.

Gemüse vor dem Verfüttern waschen oder schälen, denn Kaninchen sind keine Abfalleimer, außerdem sind Schmutz und Spritzmittel für sie nicht gesund. Mehrere kleine Portionen oder Stückchen verhindern Streit um das Futter. Gemüse nicht direkt aus dem Kühlschrank, sondern immer bei Zimmertemperatur verfüttern.

▼ *Eine Auswahl* geeigneter Futtermittel

Obst	Zweige	Samen / Nüsse
Äpfel	Ahorn	Amaranth
Ananas	Apfelbaum	Bockshornkleesame
Bananen ohne Schale	Birke	Erdnuss
Birnen	Birnenbaum	Fenchelsamen
Brombeeren	Buche	Haselnuss
Erdbeeren mit Blättern	Erle	Hirse
Hagebutten	Esche	Kammgras
Heidelbeeren	Fichte	Knaulgras
Himbeeren	Haselnussstrauch	Kürbiskerne
Johannisbeeren	Heidelbeerbusch	Leinsamen
Kiwi	Johannisbeerbusch	Pinienkerne
Mandarinen	Kiefer	Rohrschwingel
Orangen	Kirsche	Sonnenblumenkerne
Wassermelone	Linde	Walnuss
Weintrauben	Pappel	Weidelgras
Zuckermelone	Pflaume	
	Tanne	
	Weiden	

▼ **Giftpflanzen** werden beim Grasen auf der Wiese häufig gemieden.

GIFTIG UND UNVERTRÄGLICH

Folgende Pflanzen enthalten Giftstoffe und können zu verschiedenen Krankheiten führen: Agave, Aloe vera (unbehandelt), Alpenveilchen, Amaryllis, Anthurie, Aronstab, Azalee, Berglorbeer, Bilsenkraut, Blauregen, Bocksdorn, Buchsbaum, Buschwindröschen, Calla, Christrose, Efeu, Eiben, Einblatt, Eisenhut, Fingerhut, Ginster, Goldregen, Gundermann, Hahnenfuß, Hartriegel, Heckenkirsche, Herbstzeitlose, Holunder, Hundspetersilie, Hyazinthe, Ilex, Jakobs-Greiskraut, Kartoffelkraut, Kirschlorbeer, Lebensbaum, Liguster, Lilien, Lupine, Maiglöckchen, Mistel, Narzissen, Oleander, Osterglocke, Rebendolde, Riesenbärenklau, Robinie, Schachtelhalm (Ackerschachtelhalm, Sumpfschachtelhalm), Schierling, Schneebeere, Schneeglöckchen, Schöllkraut, Seidelbast, Stechapfel, Tollkirsche, Wacholder, Wolfsmilchgewächse (alle), Wunderstrauch, Zypressenwolfsmilch. Zwiebelgewächse wie Porree, Zwiebeln, Schnittlauch sind zu scharf und sollten, wenn überhaupt, nur in geringen Mengen verfüttert werden. Hülsenfrüchte (Linsen, Erbsen, Bohnen) können roh zu Blähungen führen, Bohnen sind roh giftig.

Die Pflanze, Triebe und grünen, unreichen Stellen von Kartoffeln, Paprika, Tomaten und anderen Nachtschattengewächsen sind unverträglich. Avocado, Zuckerrüben, Aubergine, Spinat, Steinobst und exotische Früchte sollten nicht oder nur sehr sparsam verfüttert werden.

Fast Food?

Unsere kleinen Mümmler mögen genau wie wir Menschen gern auch einmal Fast Food. Aber genau wie bei uns Menschen ist es eher ungesund und sollte eine echte Ausnahme bleiben. Trockenfutter mit Getreide, Melasse, Stärke und gemahlenen Grünpflanzen belastet Magen und Darm, sorgt für eine ungleichmäßige Futteraufnahme und Übergewicht, es sollte deswegen nicht verfüttert werden. Selbst Pellets aus reinen Kräutern sind nicht sinnvoll, da sie die Zahnmuskulatur falsch belasten, die **Verdauung** durch zu fein gemahlenes Grünfutter negativ beeinflussen, leicht verschluckt werden können und die Kaninchen zu satt machen. Nur Zuchtkaninchen, Kaninchen in Winteraußenhaltung, sehr große Rassen und kranke Tiere benötigen mitunter Trockenfutter. Dieses sollte sehr genau auf die Bedürfnisse des jeweiligen Tieres zugeschnitten werden. Sinnvoll sind hier Mischungen aus Trockengemüsechips, Getreideflocken, Sämereien und großen Kräuterpellets, die nicht verschluckt werden können.

Wenn das Heu wenig Sämereien und Ähren enthält, benötigen Kaninchen zusätzliche Fette und Proteine.

Einen Fettsäuremangel erkennt man an struppigem Fell, trockener Haut, Lippengrind und häufiger Verstopfung.

Um essentielle Fettsäuren wie Omega-6-Fettsäuren und die Omega-3-Fettsäuren zuzuführen, sollten gelegentlich geschälte Sonnenblumenkerne, Nüsse oder Samenmischungen (Hirse, Fenchelsamen, Löwenzahnsamen) angeboten werden. Ein Teelöffel pro Woche ist für ein kleines bis mittelgroßes Kaninchen ausreichend. Viel mehr sollte es auf keinen Fall werden, denn das führt schnell zu Leberverfettung und Übergewicht.

Leckerchen

Hin und wieder möchten unsere kleinen Langohren natürlich auch ein wenig verwöhnt werden. Und auch in der Kaninchenerziehung spielen Leckerchen eine Rolle. Diese Schmankerln sind gesund und beliebt:

▶ **Erbsenflocken** enthalten Lysin, welches in geringen Mengen als Nährstoff benötigt wird. Hin und wieder eine Erbsenflocke aus der Hand erhält die Freundschaft und hält das Kaninchen gesund.

▶ **Gepresste Kräuterballen** sind in verschiedenen Variationen im Handel zu bekommen. Grobes Heu und Kräuter werden dafür ohne Zusatzstoffe in kleine Ballen gepresst. Diese Ballen sind ein beliebtes Zusatz- und Beschäftigungsfutter.

▶ **Wiesengrascobs** werden eigentlich für Pferde angeboten, aber für Kaninchen sind sie eine gesunde Abwechslung und werden gern emsig benagt.

▶ **Trockengemüse** in Scheiben oder Würfeln ist ein geeignetes Futter, um Beschäftigungsspielzeuge zu füllen. Es quillt im Magen der Tiere sehr stark auf und kann die Magenwände belasten, deshalb sollte es wirklich ein Leckerchen bleiben und nur selten gegeben werden.

▶ **Grüne Ähren**, die vor dem Ausreifen des Stärkekörpers geerntet werden, sind ein gesundes, aber sehr nahrhaftes Leckerchen.

▶ *Gesunde Leckerbissen aus der Hand erleichtern das Kennenlernen. Doch Vorsicht: Zu viele lassen das Kaninchen schnell übergewichtig werden!*

Vorsicht: Ungesunde Leckerchen

Die meisten handelsüblichen Leckerchen sollten besser nicht verfüttert werden. Knabberstangen, Drops, Ringe und andere Leckereien enthalten viel Zucker, Getreide und sogar mitunter Milchprodukte. Diese sind für Kaninchen nur schwer verdaulich und führen zu Übergewicht und Verdauungsstörungen. Auch Menschennahrung gehört nicht in den Kaninchenmagen: Schokolade, Kekse, Bonbons, Müsli, Brot und so weiter sollten auf keinen Fall verfüttert werden.

KNABBEREIEN

Frische oder auch getrocknete Zweige von verschiedenen Bäumen und Sträuchern sollten regelmäßig zum Nagen angeboten werden. Dies dient der Zahn- und Zahnfleischpflege und fördert das gesunde Zahnwachstum. Die Blätter dürfen gern an den Zweigen bleiben.
Altes, hartes Brot, Zwieback, Knäckebrot und andere Brotsorten sind nicht als Nagematerial geeignet! Sie enthalten schädliche Inhaltsstoffe und bieten den Nagezähnen kaum Widerstand.

ZUSÄTZE

Vitaminzusätze, Salzlecksteine, Kalksteine, Mineralien und andere Zusätze sind bei einer ausgewogenen Ernährung unnötig. Werden sie überdosiert, sind sie sogar schädlich. Nur kranke Kaninchen benötigen mitunter eine zusätzliche Vitamingabe, welche aber vom Tierarzt verordnet wird und nicht eigenmächtig gegeben werden sollte.

Wellness

Genau wie wir fühlen sich auch Kaninchen mit regelmäßiger Maniküre, Pediküre und Haarpflege sowie einem sauberen Lebensraum wohler.

Kaninchen sind sehr reinliche Tiere. Die meisten Langohren lernen früh, eine Toilette oder eine bestimmte Ecke für ihre Ausscheidungen aufzusuchen. Wird diese allerdings nicht regelmäßig gereinigt, werden Kaninchen auch schnell unsauber. Ist die Umgebung des Kaninchens verschmutzt, wird es krank. Deshalb sollte eine regelmäßige Reinigung der Kaninchenumgebung für den Menschen selbstverständlich sein: Täglich die verderblichen Futterreste zu entfernen und die Wasserschalen, Tränken, Näpfe und Kaninchentoiletten zu säubern, gehört dazu.

Gehegereinigung

Einmal in der Woche sollte das gesamte Kaninchengehege gründlich gesäubert werden. Dazu werden alle eingestreuten Teile und die Toiletten geleert, gründlich ausgespült und frisch befüllt. Der Boden wird bei Bedarf ausgewischt. Teppich oder anderer Bodenbelag wird gereinigt oder abgesaugt. Alle Einrichtungsgegenstände werden auf Verschmutzungen hin überprüft und bei Bedarf gründlich mit heißem Wasser abgespült.

Einstreuvarianten

Ein Teil des Innengeheges, die Ruheplätze sowie die Schutzhütten im Außengehege sollten eingestreut werden. Die Einstreu hält nicht nur das Gehege trocken – mit verschiedenen Einstreumaterialien werden auch die Sinne der Kaninchen angeregt und ihr Buddeltrieb befriedigt.

Staubarme Holzspaneinstreu, Einstreu aus Pflanzenfasern, feine Holzgranulate oder Leineinstreu können in Käfigbodenwannen angeboten werden. Viele Kaninchen lieben es, darin zu buddeln.

Eine dicke Lage Hafer- oder Gerstenstroh wird gern zerwühlt, hält die Schutzhütte warm und bietet zusätzliches Nagematerial. Weizenstroh ist häufig stark mit Spritzmitteln und Schimmel belastet und eignet sich nur vom Biobauern.

Toiletten für Kaninchen

Als Kaninchentoilette eignen sich Katzentoiletten mit oder ohne Deckel. Nagen die Kaninchen diese an, sollten besser Keramikschalen verwendet werden. Kaninchen haben verschiedene Vorlieben, was die Einstreu in ihrer Toilette angeht. Probieren Sie also aus, was Ihr Kaninchen mag. Geeignet sind: Sand, Einstreu, Zeitungspapier, Stroh, Holzgranulate. Nicht geeignet sind Katzen- und Klumpstreu!

Die meisten Kaninchen bevorzugen Ecken als Toilette. Nimmt Ihr Kaninchen eine Toilette nicht an, dann stellen Sie diese dort hin, wo das Tier sich bevorzugt erleichtert. In Kleingruppen sollte für jedes Tier eine eigene Toilette bereitstehen.

Körperpflege

Kaninchen halten ihr Fell normalerweise selbst sauber. Allerdings gibt es mittlerweile viele Rassen, die aufgrund von Felllänge oder Fellart ein wenig Hilfe vom Menschen benötigen. Auch beim Fellwechsel oder bei Krankheiten sollte eine regelmäßige Körperpflege stattfinden.

Richtiges Hochnehmen

Kaninchen können lernen, dass behutsames Hochnehmen ungefährlich ist, was viele Pflegemaßnahmen erleichtert. Während Sie dem Tier gut zureden, krault eine Hand die Ohren. Nur wenn das Kaninchen dies ruhig hinnimmt, sollte es angehoben werden. Für das Tier am angenehmsten ist es, wenn eine Hand vorne um die Brust greift und die Vorderpfoten fixiert. Bei größeren Kaninchen ist es häufig einfacher, wenn der Mittelfinger zwischen den Pfoten auf der Brust zu liegen kommt und die Beine jeweils entweder mit Daumen und Zeigefinger oder Ring- und kleinem Finger fixiert werden. Beim Anheben wird dann sofort mit der anderen Hand das Hinterteil gestützt und die Hinterläufe werden fixiert.

Zum Tragen wird das Kaninchen auf den angewinkelten Unterarm gesetzt. Die zweite Hand bleibt am Rücken und liegt griffbereit im Nacken, um das Tier schnell festhalten zu können, wenn es plötzlich zappelt.

Fellpflege

Langhaarige Kaninchen wie Angoras oder Teddyzwerge benötigen regelmäßige Fellpflege, damit das Fell nicht verfilzt oder verschmutzt. Noch besser ist es, das Fell auf eine Länge von etwa 1 cm über dem Boden zu kürzen, dann können die Kaninchen sich auch selbst putzen und es wird ihnen im Sommer nicht zu heiß. Es ist aber vor allem im Sommer tiergerechter, wenn das Fell mit einer an den Spitzen abgerundeten Schere oder einer Schermaschine auf eine normale Kaninchenfelllänge gestutzt wird. *Verfilzte Stellen werden regelmäßig aus dem Fell geschnitten*. Die Tiere können bei Bedarf gebürstet werden, z. B. wenn das Fell leicht verfilzt. Dabei kommen immer nur weiche Babybürsten zum Einsatz, niemals harte Kämme oder Drahtbürsten.

▼ *Viele Kaninchen* genießen es, gebürstet zu werden.

FELLWECHSEL

Kaninchen wechseln zweimal im Jahr ihr Fell. Dabei putzen sie sich intensiver, verschlucken mehr Haare und es kann zur gefährlichen Haarballenbildung in Magen und Darm kommen. Regelmäßiges Bürsten entfernt bereits viele abgestoßene Haare. Spezielle ölhaltige Tropfen oder Pasten aus dem Zoofachgeschäft helfen während des Fellwechsels beim Ausscheiden der verschluckten Haare.

▼ **Kaninchen** betreiben mehrmals täglich intensive Fellpflege.

Gesunde Pfoten

Kaninchen nutzen ihre Krallen von selbst ab, wenn sie viel Auslauf auf unterschiedlichen Untergründen bekommen. Eine große Betonplatte, auf der mittig der Futternapf steht oder die als Aufgang dient, unterstützt die Abnutzung der Krallen. Wohnungskaninchen und Kaninchen, die nur auf weichen Wiesen laufen, benötigen jedoch oft Krallenpflege, da zu lange Krallen zu Problemen führen. Lassen Sie sich das korrekte Schneiden der Krallen unbedingt von einem erfahrenen Kaninchenhalter oder einem Tierarzt zeigen. Geeignet zum Schneiden sind Seitenschneider für Fußnägel, Nagelknipser oder professionelle Krallenscheren. Die Krallen werden leicht abgeschrägt etwa 1 mm über der Blutversorgung der Krallen abgeschnitten. Bei hellen Krallen ist die Blutader leicht als rötlicher Streifen in der Kralle zu erkennen: Wo sie endet, wird die Kralle hell und hornfarben. Bei dunk-

len Krallen wird mit einer Taschenlampe von unten nachgeschaut, wie lang die Ader ist. Wird die Kralle zu kurz geschnitten und die Ader verletzt, kommt es zu starken Blutungen.
Faustregel: Bei normalhaarigen Kaninchen dient das Fell an der Unterseite der Pfote als Orientierungsmarke, die Krallen sollten nicht kürzer geschnitten werden als bis zum Fellanfang.

▲ **Gesunde Kaninchen** *halten sich selbst sauber – bei kranken oder übergewichtigen muss manchmal nachgeholfen werden.*

Anal- und Genitalbereich sauber halten

Beidseitig neben den Geschlechtsteilen haben Kaninchen sogenannte „Geschlechtsecken", auch Perinealtaschen genannt. Es handelt sich um Hautfalten, in denen sich Drüsen befinden. Diese Drüsen sondern ein stark riechendes Sekret ab.

Gesunde Kaninchen halten sich dort selbst sauber. Ist ein Kaninchen aber stark übergewichtig oder krank, dann kommt es vor, dass die Geschlechtsecken stark verschmutzen und sauber gemacht werden müssen. Dazu werden sie mit ein wenig Babyöl und einem Wattestäbchen gründlich ausgeputzt.

Medizinische Bäder

Gesunde Kaninchen sollten nicht gebadet werden, ihre Haut trocknet schnell aus und schützende Fette werden beim Baden ausgewaschen. Nur im Krankheitsfall, wenn das Fell durch Kot stark verschmutzt ist oder bei einem sehr starken Parasitenbefall, kann ein Teilbad oder Bad nötig sein.

Dazu werden zwei flache Schüsseln auf den Boden gestellt. In einer befindet sich das handwarme Wasser mit dem Medikament oder ein wenig Babyseife, in der zweiten ist klares, handwarmes Wasser zum Nachspülen. Nun wird das Tier vorsichtig in der ersten Schüssel gereinigt, der Kopf wird dabei nicht nass gemacht. In der zweiten Schüssel wird dann nachgespült. Anschließend wird das Kaninchen sofort gründlich abgetrocknet. Es muss so lange in einem gut temperierten und zugfreien Raum bleiben, bis es ganz trocken ist.

Massagen

Sehr zutrauliche Kaninchen mögen mitunter auch körperliche Zuwendung durch ihren Halter sehr gern. Die Kuschelstunde kann dann auch dafür genutzt werden, die Muskeln des Kaninchens zu lockern und die Verdauung anzuregen. Mit den Fingerspitzen werden die Seiten und die Beinmuskeln der Kaninchen mit leichtem Druck in kreisenden Bewegungen stimuliert. Beim Bauch ist es besonders wichtig, beidseitig mit nur sehr leichtem Druck zu arbeiten. Beim Kreisen wird immer vom Bauch zum After hin mehr Druck ausgeübt, in die andere Richtung wird nur sanft gestrichen. Grundsätzlich sollten solche Massagen immer nur freiwillig stattfinden, das Kaninchen bleibt dabei am Boden und darf jederzeit weggehen.

Aromatherapie

Kaninchen orientieren sich stark an Gerüchen und am Geschmack der Nahrung. Deshalb ist eine gesunde Vielfalt in der Ernährung wichtig. Um ihre Sinne anzuregen, sollten Kaninchen

▲ **Liebevolle Zuwendung** *ist häufig die beste Therapie.*

regelmäßig verschiedene Kräuter bekommen. Auch verdünnte Kräutertees können hin und wieder zusätzlich zum Wasser angeboten werden. Künstliche Aromen, Duftkerzen oder Duftöle sind allerdings tabu.

LECKER UND HEILSAM

Verschiedene Kräuter und Tees haben unterschiedliche Wirkungen: Basilikum wirkt beruhigend und appetitanregend, Breitwegerich entzündungshemmend, Dill appetitanregend, Kamille positiv bei Entzündungen und Atemwegserkrankungen, Pfefferminze entkrampfend bei Verdauungsstörungen und Brennnessel und Löwenzahn wirken harntreibend sowie entwässernd.

Alte Kaninchen

Ab etwa dem sechsten Lebensjahr gilt ein Kaninchen als Senior. Die älteren Semester schlafen mehr, verlieren an Gewicht, haben häufiger Probleme mit den Gelenken und Organen. *Um fit zu bleiben, benötigen Kaninchensenioren eine reichhaltigere Kost.* Vor allem mehr Knollengemüse, mehr Samen und Kerne und gut verdauliches Grünfutter sind jetzt wichtig. Damit die Nieren gut arbeiten können, sollten die Tiere viel trinken – gelegentlich sollte ihnen Kräutertee angeboten werden.

Tiere in Außenhaltung müssen im Winter immer die Möglichkeit haben, eine Wärmequelle aufzusuchen. Kaninchen in Wohnungshaltung benötigen sonnige Plätze oder eine Tageslichtlampe, um sich richtig wohl zu fühlen. Alle Einrichtungsgegenstände im Gehege sollten so stehen, dass die Kaninchen sich leicht hindurchbewegen können, Rampen und Treppen erleichtern den Aufstieg auf Etagen. Stellen Sie die Einrichtungsgegenstände nicht mehr um, wenn das alte Kaninchen schlecht sieht.

▼ **Sie können** viel dafür tun, dass Ihr Kaninchen lange fit bleibt.

Aktiv mit Kaninchen

Kaninchen sind unternehmungslustige Heimtiere, die gerne flitzen, hüpfen und auf Entdeckungstour gehen. Nehmen Sie sich Zeit für Ihre Langohren, um gemeinsam Spaß zu haben.

Kaninchen haben große Freude an Bewegung und in der Regel auch an der Interaktion mit ihrem Halter. Wichtig ist, dass die Kaninchen niemals zu irgendetwas gezwungen werden dürfen. Sie müssen ihrem Menschen vertrauen und sollten immer so viel Platz haben, dass sie sich auch ohne den Menschen ausreichend bewegen können.

Bewegung hält fit

Alle Sinne werden beim Auslauf angeregt. Vorsichtig wird alles Neue beschnüffelt, ertastet und ausprobiert. Alle Muskelpartien werden beim kurzen Sprint und bei wilden Sprüngen beansprucht und trainiert.

Wohnungskaninchen sollten täglich die Möglichkeit bekommen, wenigstens einen Teil der Wohnung zu erkunden und einfach einmal richtig loszurennen. Kaninchen in Außenhaltung genießen natürlich täglich Auslauf auf einer extra dafür eingerichteten Fläche (siehe Seite 28).

◀ *Langohren sind sehr intelligent und schätzen abwechslungsreiche Beschäftigung.*

GEFAHREN BEIM AUSLAUF

▸ Giftige Zimmerpflanzen
▸ Kabel
▸ Steckdosen
▸ Zimmertüren
▸ Offene Fenster
▸ Schranktüren
▸ Balkonbrüstungen
▸ Gefahrenstoffe (Zigaretten, Aschenbecher, Kerzen, Süßigkeiten, Putzmittel und vieles mehr)
▸ Menschenfüße
▸ Glatte Böden

Futterspiele

Um während des Auslaufs alle Sinne anzuregen, sollte dieser abwechslungsreich gestaltet werden. Da Kaninchen eigentlich immer Hunger haben, eignen sich besonders Spiele, die sich um Futter drehen, um die Aufmerksamkeit eines Kaninchens zu erregen.

Gemüsefußball: Dafür wird ein spezieller Futterball aus dem Zoofachhandel oder ein Ball aus unbehandelter Weide verwendet. Dieser wird mit kleinen Gemüsestückchen gefüllt, die herausfallen, wenn der Ball durch die Gegend gerollt wird. Als Fußball kann aber auch eine hartschalige Kirschtomate dienen, diese wird meist so lange herumgerollt, bis die Kaninchen einen Ansatz finden, um sie aufzubeißen.

Gemüseversteck: In eine Papprolle werden einige kleine Gemüsestückchen gegeben und an beiden Seiten wird Heu davor gestopft. Nun müssen die Kaninchen das Heu herausziehen und die Rolle so lange drehen, werfen und wenden oder annagen, bis sie an das Gemüse kommen.

Futterbaum: Zweige werden senkrecht in einen Ziegelstein oder einen mit Löchern versehenen Gasbetonstein (Ytong) gesteckt. Auf diese Zweige werden kleine Gemüsestückchen aufgespießt.

Futterkiste: Ein großer, unbedruckter Karton wird mit Heu oder Stroh und versteckten Leckerchen gefüllt.

Futterseil: Ein Juteseil mit aufgefädelten Gemüsestücken wird so hoch ins Gehege gehängt, dass die Kaninchen sich danach recken müssen.

Futterhalter: Wäscheklammern aus Holz, Möhrenhalter oder Futterspieße aus dem Fachhandel können mit Gemüse bestückt aufgehängt werden.

Spielsachen

Verschiedene Spielzeuge machen den Auslauf noch interessanter. Dabei können sogar Spielsachen für Katzen den neugierigen Kaninchen richtig Spaß machen.

Rascheltunnel: Im Zoofachhandel sind verschiedene Rascheltunnel für Katzen zu bekommen, auch Kaninchen nutzen diese gerne. Das Knistern und Rascheln macht die Tunnel interessanter.

Katzenkratzbaum: Wenn die Kaninchen nicht dazu neigen, Stoffe anzunagen, sind auch Katzenkratzbäume ein beliebtes Spielzeug. Die Plattformen sollten dabei nicht zu hoch sein und so angebracht werden, dass die Kaninchen gefahrlos von einer Plattform zur nächsten hüpfen können.

Packpapier: Unbedrucktes Packpapier kann einfach zerknüllt in den Auslauf gelegt werden.

Buddelkiste: Eine mit alten Küchentüchern, Leinenstücken und Kleidungsstücken aus Baumwolle oder Leinen gefüllte Kiste wird gern als Buddelkiste angenommen. Noch beliebter sind natürlich Sandkisten.

Flaschenbowling: Leere Plastikflaschen werden von Kaninchen sehr gern umgeworfen und herumgerollt.

Papiertüte: Eine dünne Papiertüte, beispielsweise eine Brötchentüte vom Bäcker, eignet sich ebenfalls als Spielzeug. Sie wird mit Heu gefüllt und einfach in den Auslauf gelegt.

Freundschaft schließen

Der Auslauf kann und sollte auch dazu dienen, die Freundschaft zwischen Kaninchen und Halter aufzubauen und zu stärken. Gemeinsame Spiele fördern das Miteinander.

Futter als Lockmittel

Setzen Sie sich in einer Mußestunde zu Ihren Tieren in den Auslauf und warten Sie ab, bis diese von selbst kommen. Natürlich kann ein Gemüsestückchen oder eine Erbsenflocke in der Hand die Neugier der Kaninchen noch mehr anregen. Schnell lernen die Langohren, dass Sie auch Futter bringen und es wird nicht lange dauern, bis Sie von ihnen Männchen machend und um Futter bettelnd begrüßt werden. Dabei stützen die Tiere sich auch gern an den Beinen ab – es ist also sinnvoll, als Krallenschutz feste Hosen zu tragen.

▲ **Mit dem Futterstück** in der Hand kann ein Kaninchen dazu animiert werden, Männchen zu machen – der erste Schritt für weitere Spiele.

Menschliche Kletterburg

Setzen Sie sich zu den Kaninchen ins Gehege, bieten Sie sich als Kletterturm an und lassen Sie die Tiere über Ihre Beine hoppeln. Dabei können Sie die Kaninchen auch mit Futter über sich locken.

Wer Spaß daran hat, kann den Tieren so sogar beibringen, über die Beine zu springen, drunter durchzulaufen und derlei Kunststückchen mehr.

Kaninhop

Stellen Sie für tiergerechtes Kaninchenhop im Auslauf kleine Hürden auf, z. B. aufgeklappte Bücher, Pappkartons und abgelegte Plastikflaschen. Wichtig ist dabei, dass diese Hürden leicht umfallen, damit die Kaninchen sich nicht daran verletzen können. Das Kaninchen bekommt nun ein Gemüsestückchen, wenn es zur Hürde geht und ein weiteres, wenn es sich an der Hürde aufrichtet. *Halten Sie das Leckerchen hinter die Hürde und locken Sie so das Kaninchen darüber.* Bei dieser Methode werden viele Hürden umfallen und es wird lange dauern, bis die Kaninchen merken, was sie tun sollen. Aber so dauert der Spaß auch länger und Halter und Kaninchen beschäftigen sich intensiv miteinander. Das macht doch viel mehr Spaß, als ein Kaninchen an der Leine über Hürden zu ziehen und es zu etwas zu zwingen.

Kaninchen springen gern und deshalb sind Spiele mit Hürden sogar beliebt – allerdings sollten alle diese Spiele ohne Leine und ohne Zwang stattfinden. An der Leine fühlen sich Fluchttiere extrem unwohl und können sich sogar durch sie verletzen. Trubel und Menschenmassen machen ihnen Angst, also bitte ersparen Sie Ihren Kaninchen solche würdelosen Turniere.

▲ **Mit etwas Geduld** kann man Kaninchen vieles beibringen.

▲ **Aufgestellte Bücher** können als Hürden dienen.

Kaninchendance

Ja, Kaninchen können mit viel Ausdauer und Geduld lernen, verschiedene Kunststücke zu kombinieren und sogar zu „tanzen". Zuerst lernen sie Männchen machen, mit dem Leckerchen können sie dann in Kreisen geführt oder zu Sprüngen animiert werden. Diese Kunststücke können zu kleinen Choreografien zusammengestellt werden und dann schaut es aus, als würden die Kaninchen tanzen. Allerdings sollten Sie auch akzeptieren, wenn Ihre Tiere keine Lust zu solchen Spielen haben.

Intelligenzspielzeug

Kaninchen sind sehr intelligente Tiere, daher kann ihnen spezielles Spielzeug sinnvolle Abwechslung bringen. Besonders geeignet sind Lernspielzeuge mit Futterklappen. Das Grundprinzip ist einfach: Ein dickes Brett wird mit einigen Löchern versehen. Darin werden Leckerchen versteckt und dann die Löcher mit Klappen abgedeckt, die entweder lose aufliegen oder mit einer Schraube so gesichert sind, dass sie zur Seite verschoben oder hochgehoben und umgeworfen werden können.

Lassen Sie die Klappen anfangs halb offen, damit die Tiere lernen, dass sie in den Löchern Leckerchen finden und sie die Klappen nur leicht beiseiteschieben müssen, um daran zu kommen. Dann werden die Klappen ganz über die Löcher geschoben. Haben sie verschiedene Formen, werden in der nächsten Lernstufe die Leckerchen nur noch hinter den Klappen versteckt, die gleich aussehen: viereckig, rund, dreieckig. So lernen die Kaninchen, nur hinter bestimmten Klappen nach Futter zu suchen.

Clickern oder Worte?

Beim Clickern macht ein kleines Gerät ein Klick-Geräusch. Hat das Kaninchen ein gewünschtes Verhalten gezeigt, machen Sie „Klick" und gleichzeitig bekommt das Kaninchen ein Leckerchen. So lernt es, den Ton mit etwas Positivem zu verknüpfen. Auf jedes „Klick" folgt eine leckere Belohnung.

Allerdings ist das Tier damit auf das Gerät und ein festes Geräusch fixiert und man bekommt schnell Probleme, wenn der Clicker defekt oder verloren gegangen ist.

Es ist sinnvoller, die Tiere auf den Menschen zu konzentrieren, klare Signale wie Kopfnicken oder eine bestimmte Handbewegung kombiniert mit kurzen Worten können den gleichen Lerneffekt haben.

▲ **Geschafft!** *Erste Erfolge mit dem neuen Spielzeug.*

KUSCHELN – ABER RICHTIG!

Viele Kaninchen mögen Streicheleinheiten sehr gern, wenn man einfache Regeln beachtet:

► Vorsichtig den Tieren nähern und nicht unerwartet anfassen.
► Immer in Fellrichtung streicheln.
► Hinter den Ohren kraulen, Ohren streicheln.
► Nicht auf Augen oder Nase fassen.
► Nicht ruppig werden oder an Gliedmaßen ziehen.
► Nicht an den Tasthaaren ziehen.

Gesundheitsvorsorge

Damit die Kaninchen lange Zeit gesund bleiben und Krankheiten rechtzeitig erkannt werden, sind eine regelmäßige Gesundheitsvorsorge, Tierarztbesuche und Impfungen wichtig.

Fallen Ihnen Unregelmäßigkeiten auf, sollten Sie das Kaninchen gründlich untersuchen und gegebenenfalls dem Tierarzt vorstellen.

Gesundheitscheck

Je besser Sie vorsorgen und je besser Sie Ihre Tiere pflegen und kennen, desto seltener werden sie krank und desto besser können Sie Ihre Kaninchen dann versorgen.

Ein kurzer Blick ins Gehege ist ebenfalls hilfreich: Sind die Kaninchen nach wie vor stubenrein oder finden sich Pfützen im Gehege? Riecht der Urin normal und hat eine Farbe von Gelb bis Orange? Ist der Kot normal geformt, besteht also aus runden und festen Kügelchen? Stinkender, weicher, tropfenförmiger oder zu harter Kot weist auf eine Darmerkrankung hin, die Ausnahme ist Blinddarmkot (siehe Seite 18).

TÄGLICHER CHECK BEIM FÜTTERN

Die täglichen Fütterungen eignen sich schon für einen kurzen Gesundheitscheck. Während Ihre Kaninchen gemütlich Möhren mümmeln, sollten Sie ein wachsames Auge auf die Tiere haben:

▶ Kommen alle zur **Fütterung**?
▶ **Fressen** sie alle Futtermittel in der gewohnten Geschwindigkeit?
▶ Sind sie **munter** und an ihrer Umgebung interessiert?
▶ **Laufen** und hoppeln sie normal?
▶ Sabbert das Kaninchen oder kaut es normal?
▶ **Atmet** es gleichmäßig und geräuschlos?
▶ Sind **Augen, Nase** und **Afterbereich** trocken?

Wöchentlicher Check

Jede Woche und bei Verdacht auf eine Erkrankung sollte das Kaninchen genauer untersucht werden. Legen Sie sich dafür am besten einen Ordner an, in dem Sie alle Daten aufschreiben. So haben Sie immer schnell einen Überblick über die Gewichtsentwicklung, Besonderheiten, Impfungen oder auch Behandlungspläne.

▸ **Gewichtskontrolle:** Jedes Kaninchen wird regelmäßig gewogen und das Gewicht notiert. Hält das Kaninchen auf der Waage nicht still, können sie es in der Transportbox wiegen und dann das Gewicht der Box abziehen. Ebenso können Sie Ihr Kaninchen einfach auf den Arm nehmen, sich mit ihm zusammen wiegen und dann Ihr Gewicht abziehen.
▸ **Ohren:** Die Ohren müssen sauber und ohne Verkrustungen sein.
▸ **Fell:** Das Fell darf keine kahlen Stellen oder andere Fellschäden aufweisen. Auch beim Fellwechsel entstehen keine kahlen Stellen.
▸ **Mäulchen:** Die Zähne müssen so zueinander stehen, dass sie sich gut abnutzen. Futterreste zwischen den Zähnen sollten vorsichtig entfernt werden. Ist ein Vorderzahn abgebrochen, lassen Sie die Zähne von einem Tierarzt korrigieren. Brechen die Zähne häufiger ab, könnte ein Mineralienmangel die Ursache sein.
▸ **Körper:** Das Kaninchen wird vorsichtig abgetastet, um Verdickungen, Tumore oder andere Auffälligkeiten zu finden.
▸ **After:** Kontrollieren Sie die Geschlechtsecken (siehe Seite 53). Die Genitalregion und der After müssen sauber sein.
▸ **Krallen:** Diese dürfen nicht zu lang sein (siehe Seite 62).
▸ **Atmung:** Das Kaninchen atmet gleichmäßig und geräuschlos.

▸ *Bietet sich an: ein Gesundheitscheck beim Kuscheln und Spielen.*

Erkrankungen

Bei der relativ langen Lebensspanne von Kaninchen wird nahezu jeder Halter mit Krankheiten konfrontiert. Deswegen ist es wichtig, dass Sie sich darauf vorbereiten, mögliche Krankheitsanzeichen einschätzen können und im Krankheitsfall richtig handeln.

▼ **Fallen Ihnen** *folgende Krankheitszeichen auf, ist unverzüglich ein Tierarzt aufzusuchen!*

Krankheitsanzeichen	Mögliche Ursache
Gewichtsverlust, stetig oder mehr als 100 g die Woche	Infektion oder andere Erkrankung, großer Stress
Kahle oder schorfige Stellen im **Fell** und/oder vermehrtes Kratzen	Parasiten, Pilzbefall oder Bisswunden
Augen verklebt, trocken und/oder eingefallen	Infektion oder ein Fremdkörper
Augen tränend und/oder hervorstehend	Backenzahnprobleme oder Wucherungen im Kopf
Mundumgebung feucht, kahle Stellen	Bei starkem Sabbern möglicher Hinweis auf beginnende Backenzahnprobleme oder Pilzbefall im Maul
Schorf zwischen den **Lippen**	Unterversorgung mit Vitaminen und Fettsäuren
Nase verklebt und/oder feucht und/oder niesen	Hinweise auf eine Atemwegserkrankung, evtl. Kaninchenschnupfen
Starke **Flankenatmung** und **Aktivitätsverlust**	Infektion oder Hitzeschlag. Notfall – sofort Tierarzt aufsuchen!
Ohren verklebt	Infektion im Innenohr
Ohren schuppig, schorfig oder gerötet	Parasitenbefall oder Pilzbefall
Kopfschiefhaltung	Infektion im Innenohr, Indiz für Infektion mit dem Einzeller *Encephalitozoon Cuniculi*, der das zentrale Nervensystem und Organe befällt
After schmutzig und verklebt, Kot weich und matschig	Darminfektion und Durchfall. Maßnahmen zusätzlich zum Tierarztbesuch: Futter überprüfen, Diät aus Heu, Tee, Kräutern und wenig Grünfutter
Kein Kotabsatz, Köttelketten, harter Kot	Verstopfung, evtl. durch Magenüberladung. Während des Fellwechsels entsprechende Maßnahmen ergreifen (siehe Seite 51).
Übel riechender Ausfluss aus der **Scheide**	Gebärmutterentzündung, oft in Kombination mit verschmierter bzw. schmutziger Analregion und Aktivitätsverlust
Blut im **Urin**, Quieken und/oder Schmerzen bzw. gekrümmter Rücken beim Wasserlassen	Blasenerkrankung oder Blasenstein, weitere Anzeichen: ständig feuchter Afterbereich, stark riechender Urin, Unsauberkeit, häufiges Putzen des Afterbereiches
Bauch hart, rund, angespannt, starke Flankenatmung, Inaktivität	Fehlgärung im Magen-Darm-Trakt, weitere Anzeichen: Fressunlust, aufgeplustertes und angespanntes Sitzen, Zähneknirschen
Tumore, **Verdickungen** unter der Haut, tastbare, feste Veränderungen am Körper	Verschiedene Wucherungen. Ob diese harmlos oder bösartig sind, kann nur der Tierarzt feststellen.
Humpeln, **Umfallen** beim Laufen, Schonhaltung der Pfote	Knochenbruch, Verstauchung oder einfach „versprungen", Infektion mit *Encephalitozoon Cuniculi*

Tierarztbesuch

Tierarztbesuche mit den Kaninchen sollten sorgfältig geplant werden – vereinbaren Sie möglichst einen Termin. Eine Transportbox (siehe Seite 7) muss dafür jederzeit bereit stehen. Der Transport wird immer zügig und ohne Zwischenstopps und bei Hitze oder Kälte möglichst in klimatisierten Fahrzeugen durchgeführt.

Lassen Sie sich vom Tierarzt die Diagnose stets in Ruhe erklären und fragen Sie nach, wenn Sie etwas nicht verstanden haben. *Schreiben Sie unbedingt alle durchgeführten Behandlungen, Diagnosen und Medikamentengaben auf.* Das kann lebenswichtig werden für eine eventuell nachts oder am Wochenende notwendig werdende Weiterbehandlung in einer Notaufnahme.

Lassen Sie sich genau erklären, welche Behandlungsmaßnahmen und Medikamentengaben Sie zu Hause durchführen sollen. Notieren Sie sich bei einem aufwendigen Behandlungsplan alle wichtigen Informationen wie Dosierung, Uhrzeiten etc. Fragen Sie nach, wie der weitere Verlauf der Krankheit aussieht, wann mit einer Besserung zu rechnen ist und wann Sie wiederkommen sollen. Grundsätzlich sollten Sie immer einen Impfplan und einen Behandlungsplan führen, um Behandlungen jederzeit nachvollziehen zu können.

CHECKLISTE TIERARZTBESUCH

▶ **Wichtige Infos für den Tierarzt:**
Grund des Besuchs, Auffälligkeiten beim Tier, bereits verabreichte Medikamente, pflegerische Maßnahmen, die durchgeführt werden sollen

▶ **Tipps für den Halter:**
Mitschreiben aller Diagnosen, Verordnungen und Terminvereinbarungen, Pflegemaßnahmen erfragen

Impfungen

Alle Kaninchen, auch solche, die nur im Haus leben, müssen gegen die gefährlichen Viruserkrankungen Myxomatose und RHD geimpft werden. Jungtiere werden mit 2 Impfungen im Abstand von 4 Wochen grundimmunisiert. Zweimal im Jahr, meist im Frühjahr und im Herbst, wird die Myxomatose-Impfung aufgefrischt. Die RHD-Impfung hält etwa 9–12 Monate vor, hier ist eine Auffrischung im Frühling sinnvoll.

Krankenpflege

Der Tierarzt verordnet die Medikamente oder nimmt notwendige Operationen vor, der Tierhalter pflegt das Kaninchen gesund.

▼ **Mit „sanftem Zwang"** *wird das kranke Kaninchen gefüttert.*

▶ **Unterbringung:** Müssen kranke „Außenkaninchen" im Winter ins Haus geholt werden, ist auf eine langsame Steigerung der Temperatur zu achten. Zurück dürfen sie erst im Frühjahr.
Wenn möglich, sollten kranke Kaninchen nicht völlig von ihren Artgenossen separiert werden, da sie dann häufig ihren Lebenswillen verlieren. Ein Artgenosse in Sichtweise tröstet den Artgenossen. Ist das Kaninchen nicht ansteckend erkrankt und verhalten sich die Artgenossen freundlich, darf es auch in der Gruppe verbleiben.

▶ **Wärme:** Nach einer Operation oder während einer Infektion sollte das Kaninchen vorsichtig gewärmt werden, entweder mit einer Wärmelampe oder einem Wärmekissen. Achten Sie darauf, dass es nicht überhitzt. Bei Aufgasungen keine Wärmekissen verwenden.

▶ **Päppeln:** Nimmt das Kaninchen wenig oder keine Nahrung auf, muss zugefüttert oder auch zwangsernährt werden. Bei Zahnerkrankungen reicht es häufig aus, mehr Grünfutter zu geben und Gemüse mit dem Sparschäler in Streifen zu schneiden oder es klein zu raspeln. Beim Tierarzt gibt es Pulver, die mit Wasser, Heusud oder Kräutertee zu einem Päppelbrei angerührt werden. Zusätzlich kann ungezuckerter Baby-Gemüsebrei angeboten werden. Mit einer entsprechenden Haushaltsmaschine lässt sich auch recht einfach ein frischer Brei aus Gemüse und Kräutern herstellen. Wenn das Kaninchen den Brei nicht freiwillig vom Teller nimmt, wird er mit einer nadellosen Spritze direkt ins Mäulchen hinter die Schneidezähne gespritzt. Frisst das Kaninchen nicht mehr selbstständig, muss es alle drei bis vier Stunden gepäppelt werden. Über den Tag verteilt werden dann etwa $1/20$ des Körpergewichtes verabreicht. Manche Kaninchen müssen für das Päppeln fixiert werden (siehe Seite 52), da sie sich stark wehren. Sie können dann gut in ein Handtuch gewickelt werden.

▶ **Medikamentengabe:** Suspensionen oder pulverisierte Tabletten werden mit Früchtemus oder Päppelbrei verabreicht. Manchmal kann man das Medikament auch auf Gurkenscheiben streuen oder in Salat- oder Basilikumblätter wickeln. Eine Gabe über das Trinkwasser ist nicht sinnvoll, da dort nicht genau genug dosiert werden kann. Werden Salben aufgetragen, sollte das Kaninchen hinterher intensiv beschäftigt werden, damit es sich die Salbe nicht ableckt.

▶ **Operationen:** Wenn ein Kaninchen operiert werden soll, wird es vorab ganz normal gefüttert. Es darf auf keinen Fall für die Narkose ausgenüchtert werden! Bis zum vollständigen Erwachen sollte das Kaninchen nach der Operation beim Tierarzt bleiben. Auf dem Weg nach Hause und im Quarantänegehege wird es gewärmt. Es sollte dann direkt sein Lieblingsfutter vorfinden. Verweigert es die

Nahrungsaufnahme auch zwölf Stunden nach der OP noch, bekommt es unbedingt ein Schmerzmittel und wird gepäppelt. Lassen Sie sich deswegen schon vorsorglich vom Tierarzt ein Schmerzmittel und die Dosierungsanleitung mitgeben.

▼ *Alt und blind, na und?* Dieser Oldie ist immer noch fit – und hungrig!

Das alte Kaninchen

Ab dem sechsten Lebensjahr ist ein Kaninchen ein Oldie. Alte Kaninchen haben häufiger Gelenkprobleme, die Augen und das Gehör werden schlechter und sie verlieren Gewicht bzw. haben auffällige Gewichtsschwankungen.

Achten Sie darauf, dass Ihre Kaninchensenioren einen geregelten Tagesablauf haben und altersgerecht untergebracht sind (siehe Seite 55).

Auch ein altes und langsames Kaninchen kann ein erfülltes Kaninchenleben führen. Wenn es allerdings ernsthaft erkrankt, die Nahrung verweigert, Behandlungen durch den Tierarzt keinen Erfolg mehr zeigen und es zunehmend inaktiv wird, dann sollte der liebende Tierhalter sein Tier auch gehen lassen können. Das Einschläfern ist dann der letzte Freundschaftsdienst, den wir unserem Tier erweisen können.

Kinderstube

Der Wunsch, süße Nachkommen seiner geliebten Haustiere zu haben, ist nur zu verständlich. Aber jeder verantwortungsbewusste Halter weiß, dass diese kleinen Wesen sehr schnell große Kaninchen mit großen Ansprüchen werden.

Viele Tierhalter überlegen sich, dass sie nur einmal Nachwuchs mit ihren Tieren haben möchten. Aber ganz so einfach ist die Sache nicht.

Nur einmal Babys?

In einem Wurf können zwischen vier und zehn Jungen geboren werden. Alle Rammler müssen rechtzeitig kastriert werden, damit sie nicht ihre Schwestern decken. Alle Kaninchen müssen geimpft und natürlich mit Nahrung und entsprechendem Zubehör versorgt werden. Wenn die Schwangerschaft und Geburt nicht reibungslos verlaufen, sind Tierarztbesuche nötig. Da kommen sehr **hohe Kosten** auf den Halter zu.

Die Haltungsanforderungen sind hoch: Pro Kaninchen müssen mindestens 2 m² Gehege vorhanden sein. Häufig verstehen sich selbst Geschwister nach der Geschlechtsreife nicht mehr und müssen in mehreren getrennten Gehegen gehalten werden.

Es ist sehr **schwer**, ein gutes Zuhause für seinen Kaninchennachwuchs zu finden, denn es gibt sehr viele süße Kaninchen. Die Tierheime sind leider voll mit solchen unüberlegt vermehrten Tieren. Deshalb ist davon abzuraten, Kaninchen zu vermehren.

Gezielte Zucht?

Wer gezielt Kaninchen vermehren möchte, braucht nicht nur sehr viel Geld und Platz, sondern auch viel **Fachwissen**. Der Züchter muss über rassespezifische Eigenschaften seiner Schützlinge Bescheid wissen, damit er nur Tiere verpaart, die zueinander passen. Wenn die Kaninchen genetisch nicht zueinander passen, kann es zu schweren Erkrankungen der Häsin und zu Todgeburten sowie zu Missbildungen der Jungtiere kommen. Eine gezielte Auswahl gesunder und sozial gefestigter Tiere ist ein weiteres wichtiges Kriterium. Ein guter Züchter hält schon sehr lange Kaninchen, kennt ihre Eigenarten und hat viele Fachbücher gelesen. Das kann ein normaler Tierhalter nicht leisten.

Geschlechtsbestimmung

Damit es gar nicht erst zu ungewollter Vermehrung von Kaninchen kommt, ist die Geschlechtsbestimmung der Kaninchen sehr wichtig. Etwa mit zwölf Wochen werden Zwergkaninchen geschlechtsreif. Auf den ersten Blick ist das Geschlecht gerade bei Jungtieren nicht eindeutig zu erkennen, da die Rammler ihren Penis einziehen und auch die Hoden hochgezogen werden können. Drückt man den Rammlern kurz vor der Geschlechtsöffnung auf den Bauch, tritt der Penis hervor. Sind Sie unsicher, lassen Sie das Geschlecht unbedingt von einem erfahrenen Tierarzt bestimmen.

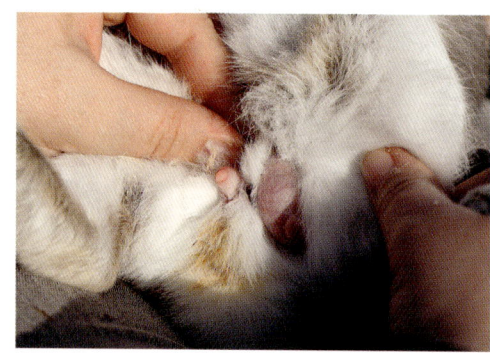

▲ **Rammler** haben große Hoden und der Penis tritt auf Druck hervor.

KASTRATION

Alle Rammler für die Heimtierhaltung sollten kastriert werden. Der Tierarzt entfernt dazu die Hoden durch einen kleinen Schnitt im Hodensack. Die Frühkastration vor der zwölften Lebenswoche erlaubt es, den Rammler durchgehend in seiner Gruppe zu belassen. Bei einer Kastration nach Eintritt der Geschlechtsreife bleiben die Rammler auch nach der Kastration noch bis zu sechs Wochen zeugungsfähig und dürfen dann erst zu den Weibchen!

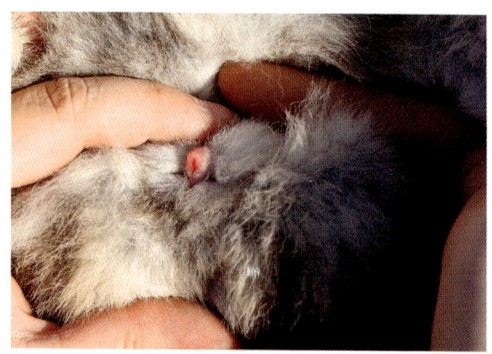

▲ **Weibliche Kaninchen** haben einen deutlich erkennbaren Schlitz.

Wenn es doch passiert ist

Es ist jedem klar, dass es absolut nicht ratsam ist, einfach irgendwelche Kaninchen zusammenzusetzen, um damit Nachwuchs zu produzieren. Auch sollten eigentlich keine „Unfälle" passieren, wenn alle Kaninchen rechtzeitig kastriert wurden. Wenn allerdings ein trächtiges Weibchen angeschafft wurde, die Geschlechtsbestimmung fehlerhaft war oder der Wunsch nach Jungen größer als die Vernunft war, dann sollten Grundkenntnisse über das, was folgt, vorhanden sein.

Vorbereitung

Kaninchenweibchen haben keinen regelmäßigen Zyklus, der Eisprung wird durch das Rammeln ausgelöst und deshalb sind Kaninchenweibchen ab dem dritten Lebensmonat auch jederzeit empfängnisbereit. Das trächtige Weibchen benötigt viel **Ruhe**, hochwertiges Futter und ein entsprechend eingerichtetes Gehege. Eine große Wurfkiste oder ein Haus mit aufklappbarem Deckel und mindestens 50 x 50 cm Seitenlänge sollte zusätzlich angeboten werden. Bieten Sie dem Weibchen auch viel Nistmaterial in Form von Heu und Stroh an.

Tragzeit und Geburt

Vom Deckakt bis zur Geburt vergehen je nach Rasse etwa 28–33 Tage. Kurz vor der Geburt wird die Häsin sehr nervös, vertreibt Artgenossen aus dem Nest und polstert das Nest dick aus. Dafür verwendet sie auch Bauchfell, das sie sich selbst ausreißt. *Die Geburt findet meist in den frühen Morgenstunden statt.* Die Jungen werden im Sitzen zur Welt gebracht und von der Mutter unverzüglich nach der Geburt sauber geleckt. Das Ablecken der Jungen regt unter anderem den Kreislauf an und lässt eine enge Bindung zwischen der Häsin und den Jungen entstehen.

Liegt das Kaninchen auf der Seite, hat es über eine längere Zeit starke Wehen, ohne dass die Jungen kommen oder zeigt sie weitere Komplikationen, dann ist unverzüglich ein Tierarzt aufzusuchen. Einige Stunden nach der Geburt sollte das Nest einmal kontrolliert werden, um eventuell tote Junge zu entfernen.

Scheinträchtigkeit

Wenn das Kaninchenweibchen häufig gedeckt, aber nicht befruchtet wird, es Zysten oder Gebärmuttererkrankungen hat, kann es zur Scheinträchtigkeit kommen. Das Weibchen wird dabei meist aggressiver, es vertreibt den Partner, wird nervös und nimmt weniger Nahrung auf. Gegen Ende baut es ein **Nest**, welches auf keinen Fall zerstört werden darf. Kommt es häufig zur Scheinträchtigkeit oder ist das Kaninchen dabei sehr aggressiv, sollte mit dem Tierarzt abgeklärt werden, ob eine Hormonbehandlung oder Kastration hier Abhilfe schafft.

Die Kinderstube

Kaninchenjunge werden nackt und blind geboren und bleiben die ersten Wochen ihres Lebens im Nest. Es sind also „Nesthocker". Die Mutter sorgt durch ein dick gepolstertes Nest dafür, dass die Jungen nicht auskühlen und die Jungen wärmen sich gegenseitig. Häsinnen suchen ihr Nest normalerweise nur auf, um die Jungen zu säugen, häufig nur in den frühen Morgenstunden. Während und nach dem Säugen massieren sie den Jungen mit ihrer Zunge den Bauch und regen so die Verdauung an. Ausscheidungen lecken sie weg und halten so die Jungen und das Nest sauber. *Das Nest wird von Halter bitte nicht gereinigt, nur der Rest des Geheges wird sauber gehalten.* Manche Weibchen nehmen ihre Jungen auch nicht mehr an, wenn diese vom Menschen angefasst wurden. Widerstehen Sie also der Versuchung, die Kleinen anzufassen. Erst wenn die Jungen das Nest selbstständig verlassen, dürfen Sie sich ihnen nähern und sie an den Menschen gewöhnen. Dennoch sollte natürlich jeden Morgen durch einen kurzen Blick ins Nest kontrolliert werden, ob alle Jungen einen gefüllten Bauch haben, warm und sauber sind.

Handaufzucht

Bekommen die Jungen nicht genug Nahrung, kümmert sich die Mutter nicht richtig um den Nachwuchs, ist sie erkrankt oder verstorben, müssen die Jungen mit der Hand aufgezogen werden. Sprechen Sie das mit dem Tierarzt ab und lassen Sie sich eine Trinkflasche mit Sauger, ein Mittel gegen Blähungen und entsprechende Aufzuchtmilch geben. Diese Milch wird mit Kamillen- oder Fencheltee warm angerührt und alle 4–5 Stunden verabreicht. Anschließend wird der Bauch der Jungen vorsichtig in Richtung After gestreichelt, bis die Jungen koten. Im Nest müssen die Jungen warm gehalten werden.

▲ **Nackt und blind** kuscheln sich die Kaninchenbabys zum Wärmen aneinander.

▲ *Neugierig* blickt das kleine Widderkaninchen in die Welt.

Vom nackten Würmchen zum Fellball

Erst ab dem dritten Lebenstag treten langsam Haarspitzen aus der Haut hervor. Das Fell braucht dann noch etwa zehn Tage, bis es voll entwickelt ist. Mit 10–12 Tagen öffnen die Jungen das erste Mal ihre Augen. Ab dem Zeitpunkt werden sie auch umtriebig und versuchen, das Nest zu verlassen. Die Mutter hat bald viel damit zu tun, die kleinen Fellbälle immer wieder ins Nest zurückzutragen. Mit 3–4 Wochen werden die kleinen Racker mutig, sie spielen wild miteinander, verlassen immer häufiger das Nest für längere Ausflüge und probieren schon feste Nahrung. Ab der 4.–5. Woche säugt die Mutter ihre Jungen nicht mehr. Nun müssen die kleinen Fellbällchen noch viel lernen. In den ersten Wochen lernen sie im Spiel das Sozialverhalten, sie lernen was sie fressen dürfen, sie werden stubenrein und sind nun bald voll entwickelte Kaninchen. Mit etwa 10 Wochen dürfen sie paarweise in ein neues Zuhause oder einzeln in bestehende Kaninchengruppen ziehen.

Service

Buch- und Linktipps rund um die munteren Langohren.

Buchtipps

- Aretz, Kathrin: *Kaninchen*. Natur und Tier-Verlag, Münster 2009

- Busch, Marlies: *Taschenatlas Pflanzen für Heimtiere*. Verlag Eugen Ulmer, Stuttgart 2009

- Frey, Christina M.: *Ein Spielplatz für Kaninchen*. Verlag Eugen Ulmer, Stuttgart 2008

- Morgenegg, Ruth: *Artgerechte Haltung – ein Grundrecht auch für (Zwerg-)Kaninchen*. Kaufmann Verlag, Lahr 2000

- Schmidt-Röger, Heike: *Wohnen mit Kaninchen: Ideenreich – heimelig – charmant*. Verlag Eugen Ulmer, Stuttgart 2009

- Wilde, Christine: *Leben mit Kaninchen*. Natur und Tier-Verlag, Münster 2008

- *Rodentia – Kleinsäuger-Fachmagazin*. Natur und Tier-Verlag, Münster

Klicks im WWW

- **www.die-kaninchen-info.de**
  Die Kaninchen-Info
- **www.bunny-in.de**
  Beratung und Information
- **www.kaninchen-at-home.com**
  Kaninchenforum
- **www.kaninchenzucht.de**
  Kaninchenzucht
- **www.getzoo.de**
  Shop
- **www.kaninchengehege.de**
- **www.tierische-eigenheime.de.tl**
  Kaninchengehege

Die Autorin

Christine Wilde ist Expertin auf dem Gebiet der Nager- und Kaninchenhaltung und hat im Jahr 2000 die Webseite *Nager-Info* (www.nager-info.de) ins Leben gerufen – mit dem Ziel, die Haltung und das Verständnis für Kleinsäuger zu verbessern.

Dank

Ich danke der Firma *Getzoo.de* für die Zusammenarbeit, die Unterstützung und das zur Verfügung gestellte Material. Allen Mitarbeitern der Nager Info und den vielen Korrekturlesern danke ich besonders für ihre Anregungen zum Buch. U. und E. Meyer danke ich für schöne Tage mit frei lebenden Kaninchen im Garten. Den Mitarbeitern des Ulmer Verlages danke ich für die Zusammenarbeit. Meiner Lektorin und Fotografin Heike Schmidt-Röger danke ich besonders für ihre Geduld und ihre wundervollen Langohrenbilder.

Verlag und Fotografin danken der Firma *Trixie*, die zahlreiches Kaninchenzubehör zur Verfügung gestellt hat. Heike Schmidt-Röger dankt besonders Familie Diehl für die Erlaubnis, die Kaninchen in deren wunderschönem Gartenzuhause fotografieren zu dürfen; Vera Robeneck *(www.robeneck.de.tl)* und ihrer Familie für den gelungenen Fototag und die tatkräftige Unterstützung; Familie Heun mit dem großen Herz für Tierschutzkaninchen sowie dem engagierten Team des Tierheims Dillenburg *(www.tierheim-dillenburg.de)* für die Hilfe nicht nur bei den Aufnahmen von Max und Klopfer, insbesondere Christine Nickel, Tatjana Fey und Brigitte Reeh.

Register

Bildquellen: Alle Fotos bis auf die folgenden stammen von Heike Schmidt-Röger:
Edgar Puhlmann: S. 24 / 25
Sascha Wilde: S. 30 / 31

Hinweis

Die in diesem Buch enthaltenen Empfehlungen und Angaben sind von der Autorin mit größter Sorgfalt zusammengestellt und geprüft worden. Eine Garantie für die Richtigkeit der Angaben kann aber nicht gegeben werden. Autorin und Verlag übernehmen keinerlei Haftung für Schäden und Unfälle. Der Leser sollte bei der Anwendung der in diesem Buch enthaltenen Empfehlungen sein persönliches Urteilsvermögen einsetzen.

Impressum

Bibliografische Information der Deutschen Nationalbibliothek
Die Deutsche Nationalbibliothek verzeichnet diese Publikation in der Deutschen Nationalbibliografie; detaillierte bibliografische Daten sind im Internet über http://dnb.d-nb.de abrufbar.

© 2011 Eugen Ulmer KG
Wollgrasweg 41, 70599 Stuttgart (Hohenheim)
E-Mail: info@ulmer.de
Internet: www.ulmer.de

Titelfoto: Heike Schmidt-Röger
Umschlagentwurf, Innenlayout und dtp: Sojus Design / Kai Twelbeck, Stuttgart
Repro: timeray, Herrenberg
Druck und Bindung: Westermann Druck, Zwickau
Printed in Germany

ISBN 978-3-8001-7532-1
HO 452